Die „gute“ Waldwirtschaft

Berner Forschungen zur Regionalgeschichte

Herausgegeben von
André Holenstein, Christian Rohr und Heinrich Richard Schmidt

Band 18

Masterarbeit in Wirtschafts-, Sozial-, und Umweltgeschichte
bei Prof. Dr. C. Rohr
Bern im August 2013

Jacqueline Burri

Die „gute“ Waldwirtschaft

Wandel und Kontinuität in der Wahrnehmung und Bewirtschaftung des Waldes am Beispiel des Gantrischgebietes 1848-1997

Verlag Traugott Bautz

Bibliografische Information Der Deutschen Bibliothek
Die Deutsche Bibliothek verzeichnet diese Publikation in der Deutschen Nationalbibliografie; detaillierte bibliografische Daten sind im Internet über http://dnb.ddb.de abrufbar.

Verlag Traugott Bautz GmbH 99734 Nordhausen 2015
ISBN 978-3-88309-891-3

Inhaltsverzeichnis

1. Einleitung

1.1 Thema und Einordnung der Arbeit

Die vorliegende Arbeit setzt an einem Zeitpunkt an, in dem die Forstwirtschaft durch Verwissenschaftlichung und Professionalisierung im Wandel begriffen war.[1] Am Ausgangspunkt, der Gründung des Bundesstaates 1848, befand sich die Schweiz im sogenannten „hölzernen Zeitalter“.[2] Bevor die Eisenbahn den Import von Steinkohle ermöglichte, bildete Holz die primäre Energieressource und der Wald diente für dessen Besitzer vor allem als Finanz- und Erwerbsquelle.[3] Holzpreis und Holzkonsum waren seit Anfang des 19. Jahrhundert allerdings in bis dahin nicht gekannte Höhen gestiegen, was die Diskussion um Holznot und Übernutzung der Wälder entfachte.[4] Seit 1853 begannen die bernischen Behörden – und seit 1876 auch die Bundesbehörden unter dem Verweis auf die Sicherstellung einer „guten Waldwirtschaft“ – mit Bewirtschaftungsvorschriften und Rodungsverboten in die Eigentumsrechte der Waldbesitzer einzugreifen. Die historische Waldforschung zeigt jedoch, dass die Idee der „guten Waldwirtschaft“ keine überzeitliche Konstante ist, sondern einerseits bestimmt wird durch den räumlichen, sozialen und zeitlichen Kontext, andererseits von den an den Wald gestellten Nutzungsansprüchen abhängt.[5] Indem die vorliegende Masterarbeit als Längsschnittstudie angelegt ist, versucht sie Wandel und Kontinuitäten in der Wahrnehmung und Bewirtschaftung des Waldes aufzuzeigen. Als Untersuchungsraum wurde hierfür die Gantrischregion gewählt. Sie liegt südlich der Stadt Bern in der Zone des Übergangs vom Mittelland zu den Alpen, in den soge-

---

[1] Brändli 1998: 64.
[2] Stuber/Bürgi 2011a: 313.
[3] Vgl. Brändli 1998: 72-75.
[4] Vgl. Richard 2000: 31.
[5] Vgl. Stuber 2008: 27-29.

nannten Voralpen.[6] In ihr entspringen die Wildflüsse Gürbe, Schwarzwasser und Sense, aufgrund derer die Gantrischregion zu jenen Gebieten gehört, welche seit dem 19. Jahrhundert von der staatlichen und kantonalen Schutzwaldpolitik erfasst wurde. Zugleich besass die Gegend Mitte des 19. Jahrhunderts mit dem Gurnigelbad ein schweizweit bekanntes Kurhotel und war somit bereits damals als Erholungsgebiet an der Peripherie der Stadt Bern bekannt. Schliesslich nahm der Wald für die Bevölkerung in der ländlich geprägten Region mannigfaltige Nutzfunktionen ein, sowohl in Bezug auf die Holzproduktion als auch in Bezug auf die Formen traditioneller, agrarischer Waldnutzungen wie etwa der Waldweide.

Die vorliegende Masterarbeit steht in enger Beziehung zum Dissertationsprojekt „Der ‚teuerste Wildbach der Schweiz.' Die Umsetzung von Hochwasserschutzkonzepten vor Ort unter Einschluss ihrer vielfältigen Konsequenzen am Beispiel der Gürbe, 1848-2008" von Melanie Salvisberg[7] und wird von Drittmittelgebern finanziell unterstützt.[8]

1.2 Forschungsstand

1.2.1 Forschungsansätze: Wald- und Forstgeschichte versus historische Waldforschung

Die Erforschung der Geschichte des Waldes und seiner Nutzung trägt viele Namen, welche auf unterschiedliche Forschungstraditionen verweisen. Seit dem ausgehenden 19. Jahrhundert wurde an forstwissenschaftlichen Fakultäten Forstgeschichte betrieben. Gemeint ist damit die Geschichte der Waldnutzung und der forstlichen Institutionen.[9]

---

[6] In der vorliegenden Arbeit wird einzig der südliche Teil der Gantrischregion untersucht, da sich in diesem 60 % der Waldfläche befindet. Dieser Untersuchungsraum umfasst die Gemeinden Guggisberg, Rüschegg, Wattenwil sowie die Exklave der Gemeinde Rüeggisberg und den südlichen Teil der Gemeinde Riggisberg, die ehemalige Gemeinde Rüti bei Riggisberg. Der Verständlichkeit halber wird das Untersuchungsgebiet als Gantrischgebiet bezeichnet. Vgl. auch Bachmann 2009: 7.

[7] Zum Projekt von Melanie Salvisberg vgl. www.hist.unibe.ch/content/personal/salvisberg_melanie/index_ger.html□e152936 (2.10.2014).

[8] Drittmittelgeber in alphabetischer Reihenfolge: Bundesamt für Umwelt, Tiefbauamt des Kantons Bern, Waldabteilung 5, Wasserbauverband Obere Gürbe.

[9] Bürgi/Hürlimann/Schuler 2001: 476.

Der Bezugsrahmen der Forstgeschichte ist demnach die Forstwissenschaft. Katja Hürlimann verweist ihn ihrem Aufsatz „Worum geht es in der Wald- und Forstgeschichte“ darauf, dass in vielen forstgeschichtlichen Werken implizit eine Verklärung der forstwissenschaftlichen Praxis des 19. Jahrhunderts mitschwingt.[10] Während ein forstgeschichtlicher Zugang den Fokus auf den gesellschaftlichen Umgang mit dem Wald legt, untersucht die naturwissenschaftlich geprägte Waldgeschichte im Sinne einer Vegetationsgeschichte die sowohl von Menschen beeinflussten – ob geplant oder ungeplant – als auch von Menschen nicht beeinflussten Entwicklungen des Waldes.[11] In der Schweiz wurden seit Mitte der 1990er-Jahre bis 2005 beide Ansätze vereint gelehrt.[12]

Im Umfeld der Umweltgeschichte, angeregt durch die Waldsterbedebatte in den 1980er-Jahren, widmete sich nun auch die allgemeine Geschichtswissenschaft der Entwicklung des Waldes. Indem sie den Wandel in der Forstwirtschaft und -wissenschaft als Teil des gesellschaftlichen Wandels begreift, ist die historische Waldforschung bestrebt, Veränderungen im forstwirtschaftlichen Denken aufzuzeigen.[13]

Dass sich die beiden Forschungsansätze nicht ausschliessen, zeigt etwa die interdisziplinär angelegte Arbeit von Matthias Bürgi und Martin Stuber.[14]

Für die vorliegende Arbeit leiten sich aus diesem Überblick folgende Voraussetzungen ab: Die Arbeit sieht sich erstens in der Tradition der historischen Waldforschung, sie rezipiert zweitens jedoch auch wald- und forstgeschichtliche Werke, da diese eine Vielfalt an Arbeiten mit nationaler beziehungsweise regionaler Fokussierung bieten und somit Lücken schliessen, welche die historische Waldfor-

---

[10] Hürlimann 2003: 324: „So dominiert in vielen forstgeschichtlichen Abhandlungen meist implizit die Ansicht, nur dank der Forstschritte in den Forstwissenschaften sei es seit dem 19. Jahrhundert möglich gewesen, den wachsenden Holzbedarf in Mitteleuropa zu decken und damit den drohenden Holzmangel abzuwenden.“

[11] Hürlimann 2003: 322.

[12] Abteilung der Wald- und Forstgeschichte am Lehrstuhl für Forsteinrichtung und Waldwachstum an der ETH Zürich.

[13] Die unterschiedliche Optik der Wald- und Forstgeschichte auf der einen und der historischen Waldforschung auf der anderen Seite führte, so Hürlimann, auch zu Missverständnissen zwischen den zwei Forschungszweigen. Vgl. Hürlimann 2003: 324.

[14] Vgl. Stuber/Bürgi 2011b.

schung bis anhin nicht zu schliessen vermochte. Der Einschluss dieser Literatur bedingt allerdings eine kritisch differenzierte Lesart.

1.2.2 Stand der Forschung

Die historische Forschung untersuchte das Objekt Wald aus der Perspektive der Umwelt-[15], der Politik-[16], der Technik- und Wirtschaftsgeschichte[17] sowie im Zusammenhang mit der Naturkatastrophenforschung[18], wobei der Schwerpunkt der Forschung auf der Zeit des 18. und 19. Jahrhundert liegt.

Für die Schweiz existiert keine umfassende waldhistorische Darstellung.[19] Es gibt allerdings eine Vielzahl von regionalen Studien, welche jedoch die Lücke nicht gänzlich zu schliessen vermögen.[20] Für das Gantrischgebiet legte Bachmann 2009 eine informationsreiche Arbeit vor, in der er die Entwicklungen der letzten 150 Jahre beleuchtet.[21] Es ist allerdings zu beachten, dass sich Bachmann vor allem auf ältere heimatkundliche Literatur stützt und er, bevor er dem Ruf der ETH Zürich folgte, von 1971 bis 1988 Kreisoberförster in Schwarzenburg und dadurch selbst Akteur war. Daher dient seine Arbeit in erster Linie als Quelle.

Für die vorliegende Arbeit sind insbesondere drei Werke von zentraler Bedeutung. In seiner Lizentiatsarbeit „Mit Bäumen gegen die Fluten" untersucht Daniel Brändli die Entstehung des Abholzungsparadigmas im europäischen Kontext und dessen gesetzliche Durchsetzung in der Schweiz im 18. und 19. Jahrhundert. Der Begriff des Abholzungsparadigmas bezeichnet dabei die hochwasservermindernde

---

[15] Vgl. Bemmann 2012; Corvol 1987; Radkau 1986; Radkau 2002; Radkau 2011; Sieferle/Breuninger 1999; Sieferle 1982; Sieferle 1997; Walter 1996. Ein Überblick über die Holznotdebatte bietet Schenk 2006.

[16] Vgl. Von Below/Breit 1998; Grewe 2004; Pülzl 2010; Schmidt 2002.

[17] Vgl. Bayerl 2000; Radkau/Schäfer 2007; Richard 1999; Richard 2000.

[18] Vgl. Pfister 2002; Rohr 2007.

[19] Für einen Überblick über den Stand der Forschung in der Schweiz vgl. Rohr et al. 2012: 195.

[20] Für den Kanton Aargau vgl. Wullschleger 1997. Für den Kanton Freiburg vgl. Müller 1990. Für den Kanton Graubünden vgl. Paolini 2012. Für den Kanton Luzern vgl. Hahn 2011. Für den Kanton Solothurn vgl. Blöchlinger 1995; Wallner 2009. Für den Kanton Zürich vgl. Bürgi 1998; Irniger 1991. Für den Kanton Wallis vgl. Kuonen 1993. Für Entwicklungen im den Kanton Bern bietet zudem den Aufsatz von Stuber und Bürgi einen Überblick: Stuber/Bürgi 2011a.

[21] Vgl. Bachmann 2009.

Funktion des Waldes, indem er den raschen Abfluss des Regenwassers verhindert.[22] Dieser Erklärungsansatz verbreitete sich in Europa im Laufe des 18. und 19. Jahrhunderts aufgrund einer Häufung von schweren Überschwemmungen.[23] Erst indem die Ursache der Hochwasser einem anthropogenen Faktor zugeschrieben wurde, nämlich der Abholzung im Gebirge, wurden Präventionsmassnahmen möglich.[24] Durch den Verbau von Gewässern und durch Aufforstungen im Gebirge sollten Überschwemmungen bereits im Ansatz verhindert werden.[25] Brändli zeigt in seiner Arbeit, dass die Überschwemmungen vom Schweizerischen Forstverein [SFV] einerseits instrumentalisiert worden sind, um mit Hilfe eines eidgenössischen Bundesgesetzes ihre Stellung und ihren Einflussbereich zu sichern und zu vergrössern, anderseits die politischen Akteure in der Schweiz die Argumentationsweise übernommen haben, da durch die Waldschutzparole staatliche Eingriffe in das private Eigentum legitimiert wurden.[26]

Als wegweisend kann auch die Untersuchung von Martin Stuber über die Nachhaltigkeitskonzeptionen im Kanton Bern zwischen 1750 und 1880 bezeichnet werden.[27] Darin unterscheidet er drei Konzeptionen von Nachhaltigkeit: Diejenige der Ökonomischen Patrioten, die der Liberalen um Kantonsforstmeister Karl Kasthofer und diejenige, welche Stuber unter den Leitgedanken des Naturhaushaltes subsumiert. Er stellt dabei fest, dass das Verständnis von Nachhaltigkeit einem starken Wandel ausgesetzt war, wobei jeweils unterschiedliche Dimensionen des Begriffes akzentuiert wurden. Stuber zeigt, dass in der bernischen Forstverwaltung zur Mitte des 19. Jahrhunderts ein Paradigmenwechsel stattgefunden hat. Die Exponenten des Naturhaushaltes wandten sich dabei explizit gegen die Idee des auf Angebot und Nachfrage ausgerichteten liberalen Erwerbswaldes und erhoben stattdessen den Nutz- und Schutzwald unter der Schirmherrschaft des Staates zum erstrebenswerten Waldtypus.[28]

---

[22] Vgl. Brändli 1998: 2.
[23] Vgl. Brändli 1998: 1-2.
[24] Vgl. Brändli 1998: 89-91.
[25] Vgl. Brändli 1998: 59-61.
[26] Brändli 1998: 91-103.
[27] Vgl. Stuber 2008. Zum Konzept der Nachhaltigkeit vgl. auch Grober 2013; Pufé 2012.
[28] Vgl. Stuber 2008: 251-257.

Stephanie Summermatter schliesslich untersuchte in einem Zeithorizont von 1848 bis 1991 den Paradigmenwechsel betreffend die Prävention von Überschwemmungen in der Schweiz.[29] Am Beispiel der Kantone Bern und Wallis betrachtet sie neben wasser- auch waldbauliche Massnahmen. Für die vorliegende Arbeit besonders interessant ist der Einbezug der Entwicklungen des 20. Jahrhunderts. Summermatter stellt die These auf, dass sich im 19. Jahrhundert auf Grundlage eines ganzheitlichen Schutzkonzepts in Bezug auf den Umgang mit den Gefahren eine „Sicherheitskultur" entwickelte, während im 20. Jahrhundert im Sinne einer nachhaltigen Schutzbautätigkeit eine Entwicklung einer „Risikokultur" stattfand.[30]

Hervorzuheben ist auch die unter der Leitung von Christian Küchli und Martin Stuber entstandene DVD, welche die Entwicklungen der Forstpolitik zwischen 1800 und 2000 multimedial aufbereitet. Auf das Gantrischgebiet wird darin aufgrund der ausgedehnten Pionieraufforstungen besonders eingegangen.[31]

Wegen der veränderten Strukturen druch die Notstandverordnungen wird die Waldwirtschaft während der Kriegszeiten in der vorliegenden Arbeit nicht berücksichtigt. Es sei an dieser Stelle auf das Werk von Bachmann und den Aufsatz von Schlatter verwiesen, welche sich mit der Kriegswirtschaft auseinandersetzen.[32]

1.3 Forschungsgegenstand und Untersuchungsebenen

Gegenstand der Forschung ist die Konzeption der „guten Waldwirtschaft" in Bezug auf die Nutzungsansprüche an den Wald und den aus diesen abgeleiteten Bewirtschaftungsmassnahmen sowie die Identifizierung der Einflussfaktoren auf die Bewirtschaftungsverhältnisse am Beispiel des Gantrischgebietes. Unter der Prämisse der sich wandelnden Ansprüche an den Wald liegt der Fokus auf Momenten der Veränderungen einerseits und darunterliegenden Kontinuitäten andererseits. In Bezug auf die Bewirtschaftung der Waldungen treten Wirtschafts-

[29] Vgl. Summermatter 2012.
[30] Unter „Risikokultur" wird hier die Idee verstanden, dass nicht mehr die absolute Sicherheit angestrebt, sondern ein tolerierbares Schadenmass in Kauf genommen wird. Vgl. dazu Summermatter 2012: 11-12; 384-387.
[31] Vgl. Küchli/Stuber 2001.
[32] Vgl. Bachmann 2009; Schlatter 1948.

ziele, waldbauliche Massnahmen, insbesondere Aufforstungen und Abholzungen sowie Nutzungskonflikte in den Vordergrund. Die Analyse auf lokaler Ebene erfordert den Bezug auf Entwicklungstendenzen in den übergeordneten Ebenen des Kantons und des Bundes. Zugleich erlaubt sie stichprobenartig die Beurteilung der Durchsetzungskraft der oberen Ebenen, da gemäss dem föderalen Aufbau der Schweiz Konzeptionen erst dann als umgesetzt und erfolgreich bezeichnet werden können, wenn sie auf Gemeindeebene perpetuiert werden.[33]

Im Folgenden sollen die einzelnen Untersuchungsebenen mit den für die Arbeit bezeichneten Instanzen in ihrem Bezug zueinander grafisch dargestellt werden.

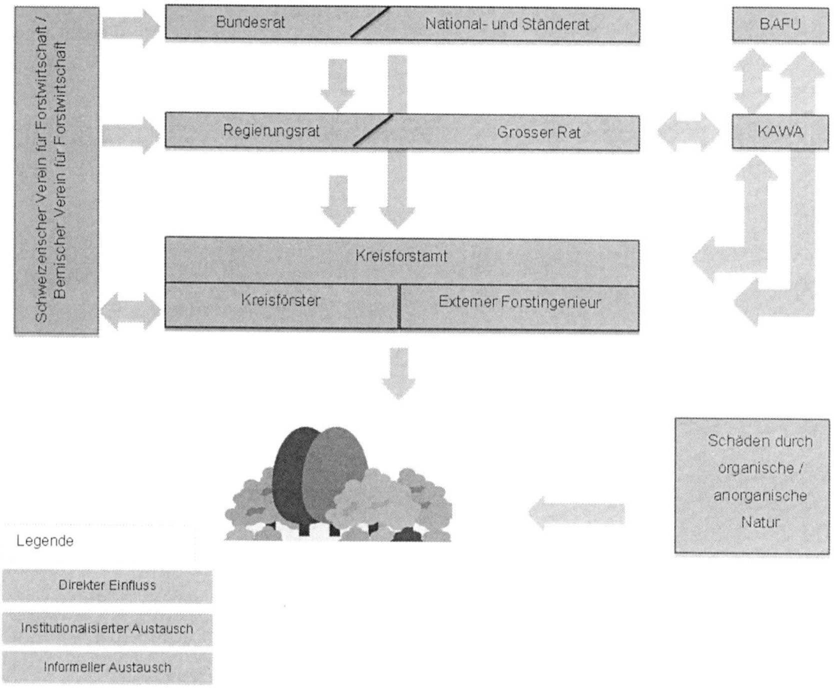

Abb. 1: Eigene schematische Darstellung der Untersuchungsebenen

[33] Vgl. Summermatter 2012: 383.

Aus dieser simplifizierten Grafik geht hervor, dass in Bezug auf die Bewirtschaftungsvorschriften unterschiedliche Instanzen innerhalb der kantonalen und eidgenössischen Verwaltung Handlungs- und Weisungsbefugnisse innehaben. Desgleichen fällt auf, dass die Position des Kreisförsters unterschiedliche Rollen einnehmen kann. Er ist sowohl Vertreter des Verwaltungsdiskurses als auch Angehöriger des forstwissenschaftlichen Diskurses. Darüber hinaus wirken Naturereignisse, welche sich dem menschlichen Einfluss entziehen, auf den Wald und somit auf dessen Bewirtschaftung ein.

1.4 Fragestellung

Die vorliegende Untersuchung verfolgt zwei Absichten. Erstens sollen im Sinne einer Grundlagenforschung die waldbaulichen Massnahmen und die Bewirtschaftungsgrundsätze für die Wälder des Gantrischgebietes aufgearbeitet werden und diese in Bezug auf die Entwicklungen der Bundes- und Kantonsebene analysiert werden. Zweitens soll an die bestehende Forschung angeknüpft werden, indem der Einfluss des Abholzungsparadigmas, welches von Bürgi für die Zeit bis zum 19. Jahrhundert untersucht wurde, überprüft wird und zwar im Hinblick auf die Forstpolitik des Bundes und des Kantons Bern einerseits und die Rezeption dessen auf der lokalen Ebene andererseits. Ebenfalls soll die weitere Entwicklung dieses Paradigmas im 20. Jahrhundert analysiert werden. Aus diesen Ansprüchen leitet sich folgender Fragenkatalog ab.

Ebene des Bundes und des Kantons Bern

Welche Forstpolitik verfolgten Bund und Kanton durch ihre Forstgesetzgebungen?

Welche Funktionen sollte der Wald in welchem Masse erfüllen und welchen Nutzungsansprüchen genügen?

Wie in der Grafik illustriert, definierten die gesetzlichen Rahmenbedingungen den Handlungsspielraum auf der lokalen Ebene. Insbesondere geht es darum, die vorherrschenden Vorstellungen und Ziele sowie Anreizsysteme zu identifizieren.

Lokale Ebene
Welche forstwirtschaftlichen Konzeptionen wurden wann auf der lokalen Ebene rezipiert?
Welche Nutzungsansprüche hatte der Wald im Gantrischgebiet zu erfüllen und welche Bewirtschaftungsmassnahmen wurden daraus abgeleitet?

Hier gilt es aufzuzeigen, inwieweit sich die Vorstellungen und Ziele der Gesetzgebung auf lokaler Ebene wiederfanden und wie sich diese auf die waldbaulichen Massnahmen auswirkten. Zugleich soll untersucht werden, welche Bedürfnisse der Wald vor Ort zu erfüllen hatte und ob es diesbezüglich zu Nutzungskonflikten gekommen ist.

Wann, wo und wie wurde aufgeforstet?
Wer initiierte die Aufforstungsprojekte und wie wurden diese begründet?

Die staatliche Walderhaltungspolitik, legitimiert unter Hinweis auf das Abholzungsparadigma, forderte ab Mitte des 19. Jahrhunderts die Neuanlage von Schutzwaldungen. Anhand dieses Fragenkataloges soll also untersucht werden, wie sich der Aufforstungsdiskurs auf der lokalen Ebene auswirkte und inwiefern sich dieser verändert hat.

Wurden die Bewirtschaftungsmassnahmen umgesetzt und konnten die Bewirtschaftungsziele erreicht werden?

Die mit dieser Frage angedeutete Erfolgskontrolle soll dazu dienen, Einflussfaktoren auf die forstwirtschaftliche Tätigkeit vor Ort zu identifizieren.

1.5 Quellenlage

Zur Beantwortung der oben gestellten Fragen wurden Aktenbestände aus dem Bundesarchiv, dem Staatsarchiv Bern, dem Archiv der Waldabteilung 5 in Riggisberg, dem Archiv des Forstreviers Wattenwil in Wattenwil und dem Archiv des Wasserbauverbandes Obere Gürbe in Blumenstein konsultiert. Zudem wurden systematisch auf Bundesebene das Bundesblatt und auf kantonaler Ebene bis 1993 die Reihe „Gesetze, Dekrete und Verordnungen des Kantons Bern“ sowie ab 1994 die Bernische Amtliche Gesetzessammlung durchgesehen.

Die Hauptquellen für die Untersuchung auf lokaler Ebene bilden die Wirtschaftspläne [WP], welche durch das Staatarchiv und das Archiv der Waldabteilung 5 erschlossen wurden. Die Erstellung dieser WP wurde 1860 per Gesetz des Grossen Rats [GR] vorgeschrieben, mit der Absicht „[...] das Kapital zu erhalten [...]“ und einen „[...] nachhaltigen Ertrag [...]“ der Wälder sicher zu stellen.[34] Die WP mussten alle zehn Jahre einer Zwischen- und alle 20 Jahre einer Hauptrevision unterzogen werden. Erst mit dem kantonalen Waldgesetz von 1997 wurden die WP zu Gunsten eines Regionalen WP aufgegeben. Gemäss der Eingrenzung des Untersuchungsgebietes wurden für die vorliegende Arbeit die WP der Staatswaldungen sowie der Burgerwaldungen von Guggisberg, Rüschegg und Wattenwil ausgewertet. Für das Untersuchungsgebiet existieren WP für den Zeitraum von 1885 bis 1997 und ermöglichen dadurch eine durchgehende Betrachtung der Verhältnisse vor Ort.[35] Die WP stellen eine formal normierte und inhaltlich normative Quelle dar. Sie sind während des gesamten Untersuchungszeitraumes beinahe identisch aufgebaut, variieren jedoch je nach Verfasser in ihrem Grad an Detailliertheit. Ihr Inhalt kann grob in fünf Kapitel unterteilt werden. Das erste Kapitel beinhaltet eine allgemeine Beschreibung der rechtlichen, natürlichen und betrieblichen Grundlagen.[36] Im zweiten Kapitel wurden die bisherigen waldbaulichen Massnahmen beschrieben und bewertet, gefolgt von einer Darstellung des gegenwärtigen Waldzustandes in Kapitel drei.

In Kapitel vier wurden die Bewirtschaftungsgrundsätze sowie die waldbaulichen Massnahmen für die kommenden zehn Jahre festgehalten. Schliesslich wurden in Kapitel fünf die Schlussbestimmungen und die Geltungsdauer sowie vereinzelt Wünsche und Anregungen niedergeschrieben. Besonders interessant für die vorliegende Arbeit

---

[34] Gesetz WP, 19.3.1860. In: GS 15 (1860). Aus Gründen der Übersichtlichkeit werden die Quellen immer im Kurzzitat wiedergegeben.

[35] Eine mögliche Erklärung für das relativ späte Einsetzen der WP im Untersuchungsgebiet liegt im Umstand begründet, dass die Gemeinden und Korporationen beauftragt waren, die Arbeiten zur Konkurrenz auszuschreiben. Kreisförster Nigst monierte anlässlich eines Schreibens aus dem Jahr 1883 an die Forstdirektion, dass die Gemeinden und Korporationen diese Vorschrift benutzten, um die Einrichtung der Waldungen zu verzögern. Vgl. Schreiben des Kreisförsters Nigst an Forstdirektion des Kantons Bern, Riggisberg 21.2.1883. StAB BB VIa 596.

[36] Insbesondere das Kapitel über die natürlichen Grundlagen wurde oftmals unter Hinweis auf die bestehenden WP ausgelassen.

sind die Kapitel zwei und vier, wobei ersteres eine rückwärtsgerichtete Kontrollfunktion des Kapitels vier des vorangegangenen WP darstellt.

Verfasser der WP waren entweder die jeweiligen Kreisförster oder externe Forstingenieure. Im Rahmen einer Quellenkritik ist anzumerken, dass es immer wieder zu einer gehäuften Tätigkeit einzelner Autoren gekommen ist. So sind von den insgesamt 17 WP, welche im Zeitraum von 1885 bis 1925 entstanden sind, deren 13 von Kreisförster Nigst entworfen worden. Daraus folgt, dass die Forstwirtschaft im Untersuchungsgebiet durchaus massiv von einer Person geprägt werden konnte. Für die vorliegende Arbeit bedeutet dies, dass die Ergebnisse nur im untersuchten Gebiet Geltung haben und nicht ohne weiteres verallgemeinert werden können. Zur Verdichtung des Quellenkorpus auf lokaler Ebene wurden ebenfalls die Aktenbestände der Forstkreise VII und XVIII im Staatsarchiv Bern systematisch gesichtet. Allerdings wiesen die Aktenbestände eine sehr unterschiedliche Quellendichte auf. Deshalb wurden zusätzlich, aufgrund fehlender Erschliessung der Bestände jedoch unsystematisch, Dossiers der Archive der Waldabteilung 5, des Forstreviers Wattenwil und des Wasserbauverbandes Obere Grübe sowie drei Aktenbestände aus dem Bundesarchiv hinzugezogen. Diese beinhalteten technische Berichte zu Aufforstungs- und Verbauungsprojekten sowie Projektpläne, Subventionsanträge und Verwaltungskorrespondenz.

Die Analyse auf kantonaler und eidgenössischer Ebene stützt sich primär auf die gedruckten Quellen der Gesetzestexte und Verordnungen betreffend das Forstwesen. Zusätzlich wurden Veröffentlichungen der zuständigen Ämter sowie auf kantonaler Ebene Auszüge aus der politischen Debatte des GR hinzugezogen. Ergänzt wird diese Betrachtung durch eine Auswahl an themenspezifischen Artikeln aus der Schweizerischen Zeitschrift für Forstwesen. Die Haltung weiterer Interessenverbände wird dagegen durch Sekundärliteratur ergründet. Die in der vorliegenden Arbeit präsentierten Ergebnisse der politisch-administrativen Rahmenbedingungen sind denn aufgrund der Quellenauswahl als Momentaufnahmen zu verstehen. Eine vertiefte, historische Aufarbeitung der Forstpolitik des Bundes und des Kantons Bern im 20. Jahrhundert böte sicherlich erkenntnisreiche Ergebnisse.

1.6 Methodisches Vorgehen und Methoden-Reflexion

Für die vorliegende Arbeit wurde die Methode der historischen Diskursanalyse gewählt. Diese geht von der Annahme aus, dass die „Wirklichkeit" diskursiv konstruiert ist.[37] Diskurse sind im Sinne Foucaults eine Praxis, in welcher die Subjekte sowohl die Welt gestalten als auch von den Regeln des Diskurses geleitet und beschränkt werden.[38] Eine Aussage kann demnach „wahr" sein, ohne im Diskurs „im Wahren" zu sein.[39] Sprich Diskurse produzieren Wahrheit. Das Erkenntnisinteresse der historischen Diskursanalyse liegt also darin, zu untersuchen, warum eine bestimmte Aussage – und keine andere – zu einem bestimmten Zeitpunkt an einem bestimmten Ort getätigt worden ist.[40] Diskursstränge haben demnach eine Geschichte und eine Zukunft, dies bedeutet nichts anderes, als dass auch scheinbar neue Diskurse an bestehende anschliessen.[41] Darin liegt der Nutzen dieser Herangehensweise für die vorliegende Arbeit. Diese untersucht den Verwaltungsdiskurs wobei das Kreisforstamt, als Ort der Verdichtung ausgewählt wurde.[42] Für die Korpusbildung ist die „[...] Wiederholung und die Gleichförmigkeit von immer wieder ähnlich Gesagtem oder Geschriebenem [...]" ein grundlegendes Kriterium.[43] Neben der Heterogenität der Quellen ist die diachrone und die synchrone Reihung zu beachten, um eine Vergleichbarkeit sicherzustellen.[44] Indem die periodisch erscheinenden WP von vier Waldbesitzungen als Quellen ausgewählt wurden, soll der diachronen und synchronen Reihung sowie der Vergleichbarkeit Rechnung getragen werden. Zur Homogenisierung der Quellengattung werden weiter Aktenbestände des Kreis-

[37] Landwehr 2009: 98.
[38] Sarasin 2008: 105.
[39] Vgl. Foucault 1998: 10-22. Dieser Umstand verdeutlicht, dass Macht auch dort ist, wo die Diskurshoheit liegt.
[40] Landwehr 2009: 92.
[41] Vgl. Jäger 2009: 200-204.
[42] Das Kreisforstamt war sowohl Anlaufstelle für die lokale Bevölkerung (Einzelpersonen, Verbände, Gemeinden) als in Bezug auf die Direktiven von oben (Bund, Kanton) auch ausführendes Organ.
[43] Landwehr 2009: 102.
[44] Vgl. Keller 2004: 87-89.

forstamtes, Gesetzestexte der eidgenössischen und kantonalen Ebene sowie unsystematisch zusammengetragene Publikationen genutzt.

Aus der Zusammenstellung des Quellenkorpus ergeben sich jedoch zwei Schwierigkeiten. Erstens sind die Gesetztestexte, welche auf eidgenössischer und kantonaler Ebene die Hauptquellen darstellen, Momentaufnahmen, aus denen sich der vorangegangene Prozess nicht ableiten lässt. Genauso wenig erlauben sie die Identifizierung der Akteure und deren Interessen. Die Beiziehung bestehender Forschungsliteratur betreffend Umweltbewegungen vermag die Lücke zu vermindern, nicht jedoch zu schliessen. Zweitens ist der Kreisförster in seiner Subjektposition sowohl Repräsentant der Berufsgruppe der Förster, als auch Vertreter des administrativ-politischen Diskursfeldes. Es ist im Rahmen dieser Arbeit nicht möglich, die Zugehörigkeit der Diskursfragmente[45] zu der einen und/oder der anderen Diskursebene nachzuverfolgen. Daher muss diese Diskursverschränkung für die vorliegende Arbeit angenommen werden. Gleichzeitig ist die bestehende Möglichkeit zu beachten, dass diejenige Person, welche die Vorschriften festlegt, und diejenige, welche die Vorschriften ausführt, respektive die Ausführung überwacht, identisch sein kann.

Aufgrund der fehlenden historischen Aufarbeitung für das 20. Jahrhundert präsentiert sich die Arbeit insbesondere in der Untersuchung auf kantonaler und eidgenössischer Ebene deskriptiv und konzentriert sich auf die Darstellung der Entwicklungen. Somit will die Arbeit auch einen Beitrag zur Grundlagenforschung leisten.

---

[45] Der Begriff Diskursfragment bezeichnet ein gewisses Thema innerhalb des Diskurses. Vgl. Jäger 2009: 159.

1.7 Aufbau der Arbeit

Die vorliegende Untersuchung präsentiert sich chronologisch, wobei jeweils zu Beginn der Kapitel die Entwicklungen auf eidgenössischer und kantonaler Ebene präsentiert werden. Unter der Prämisse, dass der Erlass beziehungsweise die Revision von Rechtsnormen einen Moment der Veränderung widerspiegelte, folgte die Kapitel- und somit die Zäsursetzung anhand der Gesetzgebung. Aus den bereits genannten Gründen wurde ebenfalls auf den Einschluss der Kriegszeiten verzichtet.

Nach einer Beschreibung des Untersuchungsraumes in Kapitel zwei folgt in Kapitel drei die Auseinandersetzung mit den Entwicklungen bis zum eidgenössischen Forstpolizeigesetz [FPoG] von 1876. Die forstpolitische Entwicklung im 19. Jahrhundert ist sowohl für die Schweiz als auch für den Kanton Bern historisch vertieft aufbereitet, weshalb sich dieses Kapitel stark auf die bestehende Forschungsliteratur stützt. Aufgrund der Quellenlage dient dieses Kapitel auf lokaler Ebene vor allem einer Art Bestandsaufnahme. Kapitel vier beschäftigt sich anschliessend mit dem Ausbau der Forstverwaltung auf eidgenössischer und kantonaler Ebene bis 1905, respektive auf lokaler Ebene bis zum Ausbruch des Ersten Weltkrieges. Die Kapitel fünf, sechs und sieben befassen sich mit den Phasen der Zwischenkriegszeit, des Konjunkturbooms nach dem Ende des Zweiten Weltkrieges und schliesslich der Forstpolitik nach der sogenannten ökologischen Wende.[46] Die Entwicklung auf lokaler Ebene wird dabei in fünf Unterkapiteln untersucht (Bewirtschaftungsgrundsätze und Wirtschaftsziele, Aufforstungstätigkeit, Wegbau, Einfluss der organischen und anorganischen Natur sowie eine zeitgenössische Einschätzung der Bewirtschaftungsverhältnisse). Mit diesem systematischen Ansatz soll die Vergleichbarkeit der Ergebnisse sichergestellt werden.

Schliesslich werden in einer diachron angelegten Analyse die gestellten Fragen beantwortet. Abschliessen sollen in einer Konklusion die Ergebnisse bewertet und durch einen Ausblick in die bestehende Forschung eingebettet werden.

---

[46] Zum Konstrukt der ökologischen Wende vgl. Engels 2010: 119-131.

2. UNTERSUCHUNGSGEBIET

Das Untersuchungsgebiet umfasst die Staatswaldungen des Kantons Bern sowie die Waldungen der Burgergemeinden Guggisberg, Rüschegg[47] und Wattenwil. Per Dekret vom 1. Oktober 1971 entstand der Forstkreis XVIII (Schwarzenburg) aus der Aufspaltung des Forstkreises VII (Riggisberg), wodurch das Staatswaldgebiet auf zwei Forstkreise aufgeteilt wurde.[48] Das Untersuchungsgebiet ist heute ein Bestandteil der Waldabteilung 5 des Kantons Bern.

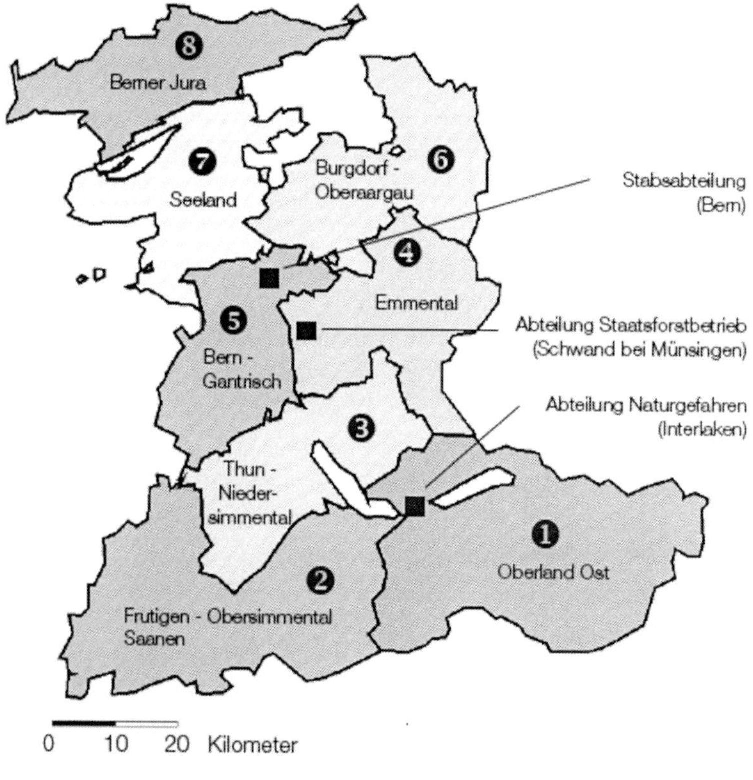

Abb. 2: Übersicht über die Waldabteilungen im Kanton Bern

---

[47] Die Gemeinde Rüschegg entstand 1861 als Abspaltung der Gemeinde Guggisberg, welche in Folge der gesetzlichen Änderung der Armenpflege in eine schwere finanzielle Notlage geraten war. Vgl. Dubler: Guggisberg (HLS).
[48] Vgl. Dekret Forstkreise, 18.5.1971. In: GS (1971): 170-171.

Quelle: Amt für Wald des Kanton Berns (Hg.): Wissenswertes aus dem Berner Wald. 2010: 18.

Das Gebiet liegt am Fusse der Stockhorn-Gantrischkette und erstreckt sich von 580 m.ü.M. bis auf 2175 m.ü.M.[49] Die Böden sind aus Verwitterungsprodukten von Flysch und Molasse entstanden. Sie sind einerseits nährstoffreich, neigen aber andererseits zu Vernässung und Rutschungen.[50] Das feucht-kühle Klima, welches charakteristisch für das Gantrischgebiet ist, zeichnet sich aus durch hohe Niederschläge (1800 mm/Jahr) sowie relativ tiefe Temperaturen, selbst im Sommer.[51] Das Gebiet ist insbesondere Westwind und Bise exponiert.[52] Zudem wird es durchzogen von drei Wildflüssen und deren Seitenbächen. Die Gürbe, oftmals als der „gefährlichste Wildbach" des Gantrischgebietes bezeichnet, entspringt auf der oberen Nünenenalp.[53] Während sie im Oberlauf ein Gefälle von bis zu 12.5% aufweist, verläuft sie im Unterlauf durch das nach ihr benannte flache Tal, bevor sie unterhalb von Belp in die Aare mündet. Die Gürbe und ihre Zuflüsse nehmen in der vorliegenden Arbeit für die Gemeinde Wattenwil eine bedeutende Rolle ein. Die Sense, seit 1803 Grenzfluss zwischen den Kantonen Bern und Freiburg, hat ihren Ursprung auf der freiburgischen Seite im Schwarzsee (Warme Sense) und auf der bernischen Seite im Gantrisch (Kalte Sense, Muscherensense).[54] Die Kalte Sense und die Muschern-

---

[49] Vgl. Regionaler Waldplan Gantrisch 2000: 14 http://www.vol.be.ch/vol/de/index/wald/wald/planung_grundlagen/planung_rwp/planung_rwp_51.assetref/content/dam/documents/VOL/KAWA/de/Planung_Grundlagen/Regionale_Waldplanung/51_Gantrisch/planung_rwp_51_T_Text.pdf (02.10.2014).

[50] Vgl. Regionaler Waldplan Gantrisch 2000: 14; 20 http://www.vol.be.ch/vol/de/index/wald/wald/planung_grundlagen/planung_rwp/planung_rwp_51.assetref/content/dam/documents/VOL/KAWA/de/Planung_Grundlagen/Regionale_Waldplanung/51_Gantrisch/planung_rwp_51_T_Text.pdf (02.10.2014).

[51] Vgl. Regionaler Waldplan Gantrisch 2000: 14 http://www.vol.be.ch/vol/de/index/wald/wald/planung_grundlagen/planung_rwp/planung_rwp_51.assetref/content/dam/documents/VOL/KAWA/de/Planung_Grundlagen/Regionale_Waldplanung/51_Gantrisch/planung_rwp_51_T_Text.pdf (02.10.2014); Leuenberger 1935: 31-34.

[52] Vgl. Leuenberger 1935: 31.

[53] Zu den Ausführungen zur Gürbe vgl.: Dubler: Gürbe (HLS); Bachmann 2009: 10; 47-54.

[54] Zu den Ausführungen zur Sense vgl.: Boschung: Sense (HLS); Bachmann 2009: 10; 59-62.

sense fliessen durch die Staatswaldungen Sangernboden-Steckhütten. Der Laubbach, ein weiterer Seitenbach der Sense, fliesst durch die Waldungen der Burgergemeinde Guggisberg. Das Schwarzwasser, der dritte Wildbach im Untersuchungsgebiet, entspringt unterhalb der Süftenenegg auf dem Boden der Gemeinde Rüschegg.[55] Auf der Höhe von Rüschegg-Heubach fliessen die Nebenflüsse Wyssbach und Biberze in das Scharzwasser. Danach flacht der Fluss ab und ergiesst sich auf der Höhe der Schwarzwasserbrücke in die Sense. Das Schwarzwasser und seine Nebenflüsse ziehen sich durch die Waldungen der Burgergemeinde Rüschegg und durch die Staatswaldungen Schwirren-Selibühl-Schwarzwasser, Längeney und Schwarzwasserauen. Die Grenzen der Waldungen haben sich durch Ankauf und Verkauf von Gebieten im Laufe der Zeit verschoben haben, dennoch sollen die Karten, welche sich im Anhang befinden, einen Eindruck über die Verteilung der Waldungen im Gantrischgebiet vermitteln.

[55] Zu den Ausführungen zum Schwarzwasser vgl.: Bachmann 2009: 10; 55-58.

3. Abholzungsparadigma und Alpenplage (1848-1876)

3.1 Die Berner Forstwirtschaft im Zeichen des Naturhaushaltes

In der bernischen Forstverwaltung vollzog sich Mitte des 19. Jahrhunderts ein Paradigmenwechsel von einer liberalen Konzeption der Nachhaltigkeit zur Nachhaltigkeit im Sinne des Naturhaushaltes. Personell zeigte sich die Wende in der Wahl von Xavier Marchand[56] zum Kantonsforstmeister 1847. Marchand kritisierte die Haltung seines Amtsvorgängers, dem liberal eingestellten Karl Kasthofer[57]. Dieser hatte eine gesetzlich uneingeschränkte Forstwirtschaft nach dem Prinzip von Angebot und Nachfrage propagiert, da die Freiheit des Marktpreises automatisch zu einer Waldnutzung führe, welche den grösstmöglichen nachhaltigen Ertrag erwirtschafte.[58] Marchand forderte stattdessen zusammen mit dem Forstverwalter der Burgergemeinde Biel Adolf von Greyerz[59] eine „umsichtige Gesetzgebung", welche die Wälder zum „Staatswohle" schütze.[60] In seiner Schrift „Über die Entwaldung der Gebirge", welche zur Aufklärung der Bevölkerung amtlich verbreitet wurde, führte Marchand den Einfluss der Wälder auf das Klima mit Beispielen aus der Schweiz, Deutschland, Frankreich und Italien aus.[61] Die Wälder hätten einen „glücklichen Einfluss auf die Atmosphäre", zögen einerseits Regen an und verhinderten andererseits das zu rasche Abfliessen des Wassers, sie befestigten den Boden, schützten vor Wind und reinigten die Luft von „verderblichen Gasen".[62] Durch Rodungen und Nebennutzungen wie die Waldweide seien die Gebirgswälder der Schweiz jedoch in einem schlechten Zu-

---

[56] Zur Person Xavier Marchand vgl. Hürlimann: Marchand (HLS).
[57] Zur Person Karl Kasthofer vgl. Zürcher: Kasthofer (HLS).
[58] Stuber 2008: 168.
[59] Zur Person Adolf von Greyerz vgl. Braun: Greyerz (HLS).
[60] Vgl. Marchand 1849: 9-12. Zu den Diskursen in anderen Ländern vgl. auch Stuber/Bürgi 2011a: 316.
[61] Vgl. Marchand 1849. Die Schrift wurde 1853 zur amtlichen Verbreitung neu aufgelegt. Vgl. dazu Balsiger 1923: 8.
[62] Marchand 1849. 12.

stand, was zu Überschwemmungen, wie in den 1830er-Jahren, führe.[63] Da diese Unglücke aber nicht nur die Bergregionen betreffen, sondern auch „fruchtbare Thäler", sei der Staat verpflichtet, im „Interesse Aller nothwendige Beschränkungen des Rechts des Einzelnen" zu erlassen.[64] Der Erhalt der bestehenden Wälder reiche aber nicht aus, die Wiederbewaldung sei eine „gebieterische Nothwendigkeit".[65] Mit dieser Haltung reihte sich Marchand in den internationalen Diskurs des Abholzungsparadigmas ein.[66] Gemäss diesem wurden dem Wald hochwassermindernde Funktionen zugeschrieben, indem er den raschen Abfluss des Regenwassers verhinderte.[67] Die Überschwemmungen im Flachland wurden demnach auf die Entwaldung im Gebirge zurückgeführt.[68] Das Alpenplageargument stilisierte die Bergbevölkerung zu Tätern, die ungeachtet der Schäden, welche die Überschwemmungen verursachten, auf Kosten der Bevölkerung im Flachland die Wälder übernutzten.[69] Diese Umstände rechtfertigten gemäss den Berner Exponenten des Naturhaushaltes den staatlichen Eingriff in die Bewirtschaftung der Wälder. Zwecks Sicherung der Energieversorgung für die künftige Generation sollte sich die Waldnutzung nach dem höchstmöglichen Naturalertrag richten, sprich nach der Anhäufung eines stehenden Holzvorrates.[70] Darüber hinaus bezogen die „Naturhaushalter" auch die Erhaltung der Wachstumsfaktoren ein und strebten die Erhaltung und Wiederherstellung der Schutzfunktion des Waldes an. Als ein erster Schritt in Richtung Umsetzung dieser Vorstellungen kann das Gesetz über die Verwaltung und Gewährleistung

---

[63] Vgl. Marchand 1849: 15-20. Die Überschwemmungen in den Jahren 1834, 1837 und 1839 stellten laut Brändli eine Zäsur in der Wahrnehmung natürlicher Risiken dar. Vgl. Brändli 1998: 88-89.

[64] Marchand 1849: 6-15.

[65] Marchand 1849: 44.

[66] Als Reaktion auf die schweren Überschwemmungen in den Pyrenäen in den 1760er und 1770er-Jahren entwickelte sich in der französischen Fachliteratur die These der naturschädigenden Auswirkungen der Rodungen im Gebirge. Im deutschen Sprachraum zunächst spärlich rezipiert, verhalf die deutsche Übersetzung der Preisschrift von Alexandre Moreau de Jonnès im Jahr 1828 der Idee auch im deutschsprachigen Raum zum Durchbruch. Vgl. Stuber/Bürgi 2011a: 218-219.

[67] Zur Definition des Abholzungsparadigmas vgl. Brändli 1998: 1-2.

[68] Vgl. Brändli 1998: 1-2.

[69] Zum Alpenplageargument vgl. Brändli 1998: 92-94.

[70] Unter Holzvorrat ist dabei stehendes Holz zu verstehen.

des Staatsvermögens, welches 1849 erlassen wurde, betrachtet werden.[71] Es enthielt die Bestimmungen, dass die Staatswaldungen einerseits einen nachhaltigen Ertrag erwirtschaften, andererseits im Grundsatz erhalten bleiben sollten.[72] Eine Umwandlung von Waldboden in urbares Land oblag fortan der Genehmigung des GR.[73] Noch weiter gingen die Polizeivorschriften über die forstwirtschaftliche Behandlung der Waldungen sowie über Waldausreutungen, Holzschläge und Flössungen von 1853, welche „ […] in Rücksicht auf den eigenen Bedarf des Kantons, den nachhaltigen Ertrag der Wälder und die Verhütung der schädlichen Abholzung […]“ erlassen wurden.[74] Das Gesetz verbot Ausreutungen, die ohne Ausnahmebewilligung getätigt wurden in allen Amtsbezirken des Oberlandes sowie in weiteren Amtsbezirken, darunter die Amtsbezirke Seftigen und Schwarzenburg, mit der Begründung, dass diese Regionen nicht nur zu den holzärmsten des Kantons zählten, sondern sich deren Waldungen meist auch an steilen Abhängen befanden.[75] Die Vorschriften bestimmten weiter, dass die Gemeinde- und Korporationswaldungen nicht über ihren nachhaltigen Ertrag genutzt werden durften.[76] Darüber hinaus hatten die Gemeinden und Korporationen Reglemente zu entwerfen, welche zum Zweck „der bestmöglichen Waldwirtschaft“ Regeln zur Benutzung und Bewirtschaftung der Wälder festhielten.[77] Ebenfalls wurde der Gedanke der Wiederbewaldung verankert, indem die Waldeigentümer aufgefordert wurden, Weiden entlang von Flüssen wieder zu bestocken und vom Weidegang auszuschliessen.[78]

---

[71] Vgl. Gesetz über die Verwaltung und Gewährleistung des Staatsvermögens, 8.8.1849. In: GS 4 (1849): 181-193.

[72] Gesetz über die Verwaltung und Gewährleistung des Staatsvermögens, 8.8.1849. In: GS 4 (1849): 184.

[73] Gesetz über die Verwaltung und Gewährleistung des Staatsvermögens, 8.8.1849. In: GS 4 (1849): 184.

[74] Polizeivorschriften, 26.10.1853. In: GS 8 (1853): 211.

[75] Polizeivorschriften, 26.10.1853. In: GS 8 (1853): 211. Das Ausreutungsverbot scheint sich, da keine näheren Bestimmungen gemacht werden, auf sämtliche Waldungen zu beziehen, also auch Gemeinde-, Korporations- und Privatwaldungen. Eine Ausnahme konnte beantragt und vom RR bewilligt werden.

[76] Polizeivorschriften, 26.10.1853. In: GS 8 (1853): 215.

[77] Polizeivorschriften, 26.10.1853. In: GS 8 (1853): 216.

[78] Polizeivorschriften, 26.10.1853. In: GS 8 (1853): 218.

Zwar scheiterten Versuche die noch immer gültige Forstordnung von 1798 einer Totalrevision zu unterziehen, die staatliche Regulierung der Forstwirtschaft wurde dennoch weiter vorangetrieben.[79] Im Jahr 1860 – Franz Fankhauser, ebenfalls ein „Naturhaushalter" war soeben zum Kantonsforstmeister gewählt worden – erliess der GR zwei wegweisende Gesetze.[80]

Die Gesetzgebung über die Errichtung von WP in Gemeinden und Korporationswaldungen von 1860 konkretisierte die in den Polzeivorschriften von 1853 entworfene Idee einer geordneten, nachhaltigen Waldwirtschaft.[81] Das Gesetz wurde in der Absicht erlassen, „das Kapital zu erhalten" und die Wirtschaft der Waldungen auf „deren nachhaltigen Ertrag zu gründen".[82] Neben Vermarchung und Vermessung, einem Beschrieb der allgemeinen Wirtschaftsverhältnisse sowie der bisherige Benutzung der Waldungen mussten in den WP auch die Grundsätze für die zukünftige Bewirtschaftung der Waldungen festgelegt werden.[83] Die WP waren dem Regierungsrat des Kantons Bern [RR] zur Sanktion vorzulegen und dieser war ermächtigt, im Falle einer nicht nachhaltigen Benutzung der Waldungen, Änderungen vorzunehmen.[84] Indem die WP planmässig eingerichtet sein mussten und einer Sanktion durch die Kantonsregierung bedurften, ging das Gesetz über die Bestimmungen älterer Betriebsregulative hinaus. Ihre Geltungsdauer von 10 bis 20 Jahren sorgte zudem dafür, dass die Bewirtschaftung nicht mehr personengebunden war, sondern auch bei einem Personalwechsel in der Verwaltung aufrechterhalten wurde.[85] Das zweite Gesetz verbot, wie dies bereits die Polizeivorschriften von 1853 taten, die Umwandlung von Waldboden in Kulturland ohne Bewilligung des RR.[86] Bewilligt wurden Ausreutungen dann (vorausgesetzt die Wälder hatten keine Schutzfunktion zu erfüllen), wenn das Grund-

---

[79] Zu den Versuchen einer Totalrevision der Forstordnung vgl. Stuber 2008: 243-244.

[80] Zum Rücktritt von Marchand vgl. Balsiger 1923: 10.

[81] Vgl. Gesetz WP, 19.3.1860. In: GS 15 (1860): 62-63; Verordnung WP, 25.1.1861. In: GS 16 (1861): 1-5.

[82] Gesetz WP, 19.3.1860. In: GS 15 (1860): 62.

[83] Gesetz WP, 19.3.1860. In: GS 15 (1860): 1-2.

[84] Vgl. Gesetz WP, 19.3.1860. In: GS 15 (1860): 62-63; Verordnung WP, 25.1.1861. In: GS 16 (1861): 4.

[85] Vgl. Balsiger 1923: 25.

[86] Vgl. Gesetz Waldausreutungen, 1.12.1860. In: GS 15 (1860): 213-217.

stück sich als Kulturland besser eignete und einen höheren Ertrag versprach.[87] Neu war allerdings die Idee, dass für die gestattete Waldausreutung eine der Ausreutung entsprechende Fläche aufgeforstet werden musste.[88] Dieses Prinzip wurde später im FPoG von 1876 übernommen.[89] Das Prinzip der Walderhaltung und Waldvermehrung wurde im Gesetz über die Finanzverwaltung bekräftigt.[90] Allerdings wurde die Möglichkeit eingeräumt, kleine Waldstücke zu veräussern, wenn diese „keine nutzbringende Wirtschaft" verhiessen.[91]

Neben den Vorschriften betreffend die Bewirtschaftung und Benutzung der Wälder reorganisierten die bernischen Behörden auch die Forstverwaltung. Die Reglementierung der Försterausbildung und die Eröffnung einer Waldbauschule können als Bestrebungen zur Professionalisierung des Försterstandes angesehen werden.[92] Weitere Beschlüsse betrafen die Einstellung, respektive die Entlassung in finanziell angespannten Zeiten, die Besoldung und die Reviereinteilung.[93] Im Zuge der letzteren wurden 1875 die Waldungen der Amtsbezirke Seftigen und Schwarzenburg im Forstrevier VII zusammengefasst.[94]

---

[87] Vgl. Gesetz Waldausreutungen, 1.12.1860. In: GS 15 (1860): 213-214.

[88] Wenn es sich um kleine Waldparzellen handelte (< als 6 Jucharten), so konnte anstelle einer Ersatzaufforstung auch eine Gebühr von 80 Fr./Jucharte entrichtet werden. Gesetz Waldausreutungen, 1.12.1860. In: GS 15 (1860): 214.

[89] FPoG, 24.3.1876. In: BBl II (1876): 99.

[90] Gesetz Finanzverwaltung, 31.7.1872. In: GS 11 (1872): 181.

[91] Gesetz Finanzverwaltung, 31.7.1872. In: GS 11 (1872): 181.

[92] Vgl. dazu Reglement Forstexamen, 24.10.1850. In: GS 5 (1850): 298-303; Reglement Patentprüfungen, 9.9.1862. In: GS 1 (1862): 231-242. Zur Waldbauschule, welche 1860 eröffnet, aber aufgrund der vielen Studienabgänger 1865 bereits wieder geschlossen wurde, vgl. Balsiger 1923: 20.

[93] Vgl. dazu Verordnung Besoldung, 21.8.1850. In: GS 5 (1850): 286-269; Beschluss Unterförsterstellen, 5.4.1852. In: GS 7 (1852): 66-67; Besoldungsgesetz, 28.3.1860. In: GS 15 (1860): 86-111; Dekret Forstverwaltung im Jura, 18.5.1851. In: GS 6 (1851): 81-82; Beschluss Forstreviere im Jura, 30.8.1860. In: GS 15 (1860): 138-141.

[94] Verordnung Bildung von Forstrevieren, 22.5.1875. In: GS 14 (1875): 69.

3.2 Der Weg bis zum eidgenössischen Forstpolizeigesetz von 1876

Die Gesetzgebung auf Bundesebene kann, wie die Untersuchung von Brändli zeigt, massgeblich auf die Lobbyarbeit des 1843 gegründeten SFV zurückgeführt werden.[95] Nach den Überschwemmungen von 1852 forderte der SFV den Bundesrat [BR] auf, eine Untersuchung über den Zustand der Gebirgswaldungen einzuleiten. 1858 trat der BR auf die Forderung ein und beauftragte die ETHZ-Professoren Xavier Marchand, Elias Landolt und Arnold Escher von der Linth für die forstwissenschaftliche Untersuchung.[96] Der Bericht wurde 1862 von Landolt vorgelegt und betonte den direkten Zusammenhang zwischen den Wassermassen in den Flüssen und der Entwaldung im Gebirge. Die Übernutzung der Gebirgswälder hätte nicht nur zu einer Absenkung der Waldgrenze und Verminderung des Ertrags und der Widerstandsfähigkeit der Wälder geführt, sondern die Entwaldung hätte auch der Schönheit des Landes geschadet.[97] Die negativen Folgen der Entwaldung beträfen das ganze Land, nicht nur die Bergkantone, und im Hinblick auf die Holzversorgung von Handwerk und Industrie sei eine nachhaltige, intensivere Forstwirtschaft angezeigt.[98] In Anbetracht der föderalen Struktur der Schweiz forderte Landolt zwar keine eidgenössische Gesetzgebung, schlug dem BR jedoch Massnahmen zur Aufklärung des Volkes und zur finanziellen Unterstützung sowie zur Ermunterung von Vereinen und kantonalen Unternehmungen sowie die Einrichtung einer ständigen Expertenkommission vor.[99] Die Forderungen wurden nur teilweise umgesetzt: Eine gekürzte Fassung des Berichts wurde in drei Landesprachen übersetzt und an die Kantone verteilt, ein jährlicher Kredit und ein eidgenössisches Expertengremium wurden aber vom Parlament abgelehnt.[100]

---

[95] Vgl. Brändli 1998.

[96] Die hydrologische und wasserbauliche Untersuchung wurde von ETHZ-Professor Carl Cullman und Oberigenieur Hartmann geleitet. Vgl. Aus den Verhandlungen des BR, 8.5.1858. In: BBl I (1858): 522-253.

[97] Vgl. Landolt 1862: 286-298.

[98] Vgl. Landolt 1862: 330-346.

[99] Vgl. Landolt 1862: 357-362.

[100] Vgl. Summermatter 2012: 193.

Die Überschwemmungen von 1868 hievten das Thema, nur fünf Jahre nach diesem Beschluss, erneut auf die politische Agenda.[101] Diesmal beauftragte der BR von sich aus zwei Kommissionen mit der Untersuchung des Schadensausmasses einerseits und der Ursachen und möglichen Massnahmen andererseits.[102] Neben den Berichten dieser zwei Kommissionen wurden auch innerhalb von Fachkreisen, wie dem SFV, Ursachen und Massnahmen diskutiert.[103] Wiederum strebte der SFV die Aufklärung der Bevölkerung an, was sich in einer gesteigerten Vortragstätigkeit niederschlug.[104] All diesen Publikationen ist gemein, dass die Verursachung zwar den ausserordentlichen klimatischen Verhältnissen (Schneeschmelze und Niederschläge) zugeschrieben wurde, gleichzeitig aber auch darauf hingewiesen wurde, dass die Verheerungen nicht dieses Ausmass erreicht hätten, wäre der Wald intakt gewesen.[105] Nach dem Motto „Schmiedet das Eisen, solange es warm ist" forderte der SFV den BR 1871 auf, er möge der Vermehrung des Waldareals im Quellgebiet von Wildwassern und sowie deren Korrektion und Verbauung nicht nur eine erhöhte Aufmerksamkeit zukommen lassen, sondern die Werke auch materiell unterstützen.[106] In seiner Botschaft vom 21. Juli 1871 anerkannte der BR die langjährige Arbeit des SFV, das Volk und die Behörden auf die nachteiligen Folgen der Waldverwüstung, für welche das Naturereignis von 1868 Beweis war, hinzuweisen und schloss sich den Forderungen des SFV an.[107] Durch Verbauungen und Aufforstungen könne das „schöne Land" vor Verwüstungen geschützt werden und der Bund und die

---

[101] Summermatter 2012: 198.

[102] Als Experten für die technische Kommission, welche sich mit der Ursachenuntersuchung und der Ausarbeitung eines Massnahmenkataloges beschäftige, wurden erneut die Professoren Landolt und von der Linth bestimmt. Vgl. Bericht Expertenkommission, 6.3.1868. In: BBl I (1869): 278-279. Zu der Arbeit der Kommissionen vgl. auch Brändli 1998: 98; Summermatter 2012: 198-204.

[103] Zum Inhalt der Expertenberichte vgl. Summermatter 2012: 199-202. Zu den Diskussionen innerhalb des SFV vgl. Brändli 1998: 99-103.

[104] Vgl. Summermatter 2012: 203.

[105] Vgl. Summermatter 2012: 203.

[106] Vgl. Botschaft Schutzbauten, 21.6.1871. In: BBl II (1871): 885-886. Laut Summermatter erhoffte sich der SFV, dass auf dem Subventionsweg schneller Ergebnisse zu erreichen waren als über den Gesetzesweg. Vgl. dazu Summermatter 2012: 216-217

[107] Vgl. Botschaft Schutzbauten, 21.6.1871. In: BBl II (1871): 880-882.

Kantone erwiesen so nicht nur der Menschheit einen Dienst, sondern vor allem der kommenden Generation.[108] Das Parlament folgte der Argumentation des BR und bewilligte die Einrichtung eines Schutzbautenfonds.[109] Summermatter konnte jedoch zeigen, dass das Interesse der Kantone an Aufforstungen, im Gegensatz zu den Verbauungen der Wildbächen, gering war und kaum Subventionen hierfür beantragt wurden.[110] Müller weist auf die unterschiedlichen Rezeptionen der hydrologischen und forstlichen Konzepte hin. Die Idee, Flüsse zu verbauen und einzudämmen, war bereits bekannt und basierte auf der Vorstellung, wonach die Natur durch technische Hilfsmittel beherrscht werden könne.[111] Das forstwirtschaftliche Konzept der Aufforstungen, welches nicht die Folgen, sondern die Ursachen bekämpfen wollte, musste stattdessen seinen Nutzen erst noch beweisen.[112]

Bereits in seiner Botschaft zur Verfassungsrevision legte der BR seine Absicht dar, die systematische Erhaltung und Wiederherstellung der Bergwälder zu fördern.[113] Da die Folgen der „Raubwirtschaft“ in den Wäldern nicht nur die lokale, dafür verantwortliche Bevölkerung treffe, sondern das ganze Land in den „Kreis des Verderbens“ ziehe, sah sich der BR veranlasst, einen Verfassungsartikel auszuarbeiten, der ihm das Aufsichtsrecht über die Forstwirtschaft im Hochgebirge erteilt und zwar sowohl in materieller als auch in gesetzgeberischer Hinsicht.[114] Im Gegensatz zum Entwurf des BR verlangte der Entwurf des SFV neben der Oberaufsicht über die Forstpolizei auch jene über die Wasserpolizei.[115] Dem Antrag folgte das Parlament, wie Brändli zeigte, beinahe oppositionslos.[116] Obwohl bereits zum damaligen Zeitpunkt eine Minderheit eine Ausweitung des Geltungsbereichs auf das gesamte Gebiet der Schweiz forderte, sprach sich die Mehrheit des Parlaments aufgrund politischer Befürchtungen für die Beschränkung

---

[108] Botschaft Schutzbauten, 21.6.1871. In: BBl II (1871): 897.
[109] Vgl. Beschluss Schutzbauten, 8.7.1871. In: BBl II (1871): 898-899.
[110] Bis 1875 wurden nur 1.7 % der Gesamtsumme für Aufforstungen aufgewendet. Vgl. Summermatter 2012: 220-221.
[111] Vgl. Müller 2004: 188-189.
[112] Vgl. Müller 2004: 189.
[113] Vgl. Botschaft Revision der Bundesverfassung, 17.6.1870. In: BBl II (1870):670.
[114] Vgl. Botschaft Revision der Bundesverfassung, 17.6.1870. In: BBl II (1870):670-671.
[115] Vgl. Brändli 1998: 105.
[116] Vgl. Brändli 1998: 105.

auf das Hochgebirge aus.[117] Aufbauend auf Artikel 24 über die Oberaufsicht des Bundes über Wasserbau- und Forstpolizei im Hochgebirge beantragte der Bund den Erlass eines eidgenössischen Wasserbaupolizeigesetzes und eines FPoG.[118] Nebst dem BR legten auch der SFV sowie der bernische Forstverein [BFV] je einen Entwurf für ein FPoG vor.[119] Kontrovers diskutiert wurde auch hier wieder der Geltungsbereich. Die Expertenkommission zur Ausführung des Verfassungsartikels gab zu bedenken, dass bereits durch den Wortlaut des Artikels der Geltungsbereich definiert sei. Auch sei es nicht angebracht, zum Beispiel den Jura unter Oberaufsicht des Bundes zu stellen, da die „unwirtschaftliche Behandlung" der Wälder und Unterlassungen beim Wasserbau nur diejenige treffe, die dafür verantwortlich seien, daher sei anzunehmen, dass die betroffenen Gegenden selbst Massnahmen ergreifen würden.[120] Umstritten war dagegen die Frage, ob das Gesetz auch auf Privatwälder ohne direkte Schutzfunktion angewendet werden sollte. Der SFV und die Ständeratskommission plädierten dafür, der BR dagegen. Erst mit dem Rücktritt des Försters und Berner Ständerats Johann Weber 1875 löste sich das Patt, indem die Ständeratskommission auf die Meinung des BR einschwenkte.[121] Das am 24. März 1876 erlassene Bundesgesetz betreffend die eidgenössische Oberaufsicht über die Forstpolizei im Hochgebirge war ein 27 Artikel umfassendes Regelwerk.[122] In Artikel 2 wurden nur die Kantone im Geltungsbereich (Gesamtgebiet der Kantone Uri, Unterwalden, Glarus, Appenzell, Graubünden, Tessin und Wallis sowie der gebirgi-

---

[117] Zu den Positionen der Minderheiten vgl. Summermatter 2012: 224.

[118] Summermatter 2012: 224. Art. 24 der BV lautete: „Der Bund hat das Recht der Oberaufsicht über die Wasserbau und Forstpolizei im Hochgebirge. Er wird die Korrektion und Verbauung der Wildwasser, sowie die Aufforstung ihrer Quellengebiete unterstützten und die nöthigen schützenden Bestimmungen zur Erhaltung dieser Werke und der schon vorhandenen Waldungen aufstellen". Aus: Entwurf Bundesgesetz, 17.12.1875. In: BBl I (1876): 540.

[119] Zu den verschiedenen Entwürfen vgl. Brändli 1998: 107-108.

[120] Unter Oberaufsicht des Bundes sollten einzig Gebiete gestellt werden, deren Vernachlässigungen in Waldwirtschaft und Wasserbau nicht nur lokale Schäden verursachten. Vgl. Bericht Expertenkommission, 25.8.1874. In: BBl III (1874): 815-816.

[121] Vgl. Summermatter 2012: 227.

[122] Vgl. FPoG, 24.3.1876. In: BBl II (1876): 97-105. Im Gegensatz dazu war das 1877 erlassene Wasserbaupolizeigesetz mit 15 Artikeln ein schlankes Gesetz. Vgl. dazu: Wasserbaupolizeigesetz, 22.6.1877. In: BBl III (1877): 296-302.

ge Teil der Kantone Zürich, Bern, Luzern, Schwyz, Zug, Freiburg, St. Gallen und Waadt) festgehalten, nicht aber die genauen Grenzen.[123] Diese konnten damit ausgeweitet werden, ohne dass eine Gesetzesrevision nötig wurde. Die Oberaufsicht erstreckte sich auf alle Schutzwaldungen sowie sämtliche Staats-, Gemeinde- und Korporationswaldungen, selbst wenn diese keine Schutzfunktion zu erfüllen hatten sowie in beschränktem Masse auch auf Privatwaldungen ausserhalb der Schutzzone.[124] Als Schutzwaldungen galten per Definition nach Artikel 4:

„ [...] alle diejenigen Waldungen [...], welche vermöge ihrer bedeutenden Höhenlage oder durch ihre Lage an steilen Gebirgshängen, auf Anhöhen, Graten, Rücken, Vorsprüngen, oder in Quellgebieten, Engpässen, an Rüfen, Bach- und Flussufern, oder wegen zu geringer Waldfläche einer Gegend, zum Schuze [sic!] gegen schädliche klimatische Einflüsse, Windschaden, Lawinen, Stein- und Eisschläge, Erdabrutschungen, Unterwaschungen, Verrüfungen oder Ueberschwemmungen dienen.“[125]

Des Weiteren waren die Waldungen zu vermessen und durften ohne Bewilligung nicht aufgeteilt oder veräussert werden.[126] Zur Sicherstellung einer nachhaltigen Bewirtschaftung hatten die Waldeigentümer WP zu entwerfen.[127] Ferner durfte nur nach Bewilligung ausgereutet werden und für die ausgereutete Fläche mussten Ersatzaufforstungen geleistet werden.[128] Dienstbarkeiten und Nebennutzungen, insbesondere der Weidegang, waren abzulösen und aufzuheben.[129] Schliesslich befassten sich die Artikel 21-26 mit der Neuanlage von Schutzwaldungen auf bereits erworbenen oder noch zu erwerbenden Grundstücken sowie mit Aufforstungen in existierenden Schutzwaldungen.[130]

---

[123] Vgl. FPoG, 24.3.1876. In: BBl II (1876): 97.
[124] Vgl. FPoG, 24.3.1876. In: BBl II (1876): 98. Für die Privatwaldungen, welche nicht unter die Schutzwaldungen fielen, galt das Prinzip der Ersatzaufforstung (Art. 11), die Pflicht der Ablösung von Streu- und Dienstbarkeiten (Art. 14), das Verbot von Nebennutzungen (Art. 20) sowie die Strafbestimmungen (Art. 27).
[125] FPoG, 24.3.1876. In: BBl II (1876): 98.
[126] FPoG, 24.3.1876. In: BBl II (1876): 99-101.
[127] FPoG, 24.3.1876. In: BBl II (1876): 101-102.
[128] Vgl. FPoG, 24.3.1876. In: BBl II (1876): 99
[129] Vgl. FPoG, 24.3.1876. In: BBl II (1876): 100-101.
[130] Vgl. FPoG, 24.3.1876. In: BBl II (1876): 101-103.

Hierfür wurde die Übernahme von bis zu 70 % der Kosten zugesichert unter der Voraussetzung, dass die Aufforstungen von „grosser Wichtigkeit“ seien.[131]

3.3 Bestandsaufnahme im Untersuchungsgebiet

Die für die vorliegende Arbeit untersuchten Quellen erlauben keine ganzheitliche Darstellung über den Waldzustand und die Waldwirtschaft dieser Zeit. Dennoch soll versucht werden, einige Grundtendenzen festzuhalten.

Die WP, welche ab 1885 entworfen wurden, zeichnen für alle hier untersuchten Gebiete ein ähnliches Bild. Bis 1860 habe eine ungeregelte Plenterwirtschaft[132] stattgefunden, wobei jeweils nur das schönste und leicht zugängliche Holz geschlagen worden sei.[133] Ebenfalls wird bemängelt, dass die Erträge nur zur Bedarfsdeckung der Nutzungsberechtigten ausreichten und kaum Erträge aus dem Verkauf generiert werden konnten.[134] Ab 1860 – in den Burgerwaldungen Wattenwil bereits ab 1850 – habe dann ein Wechsel zur Kahlschlagmethode[135] stattgefunden. In dieser Zeit seien besonders die bis anhin eingeschränkt genutzten ehemaligen Bannwälder bewirtschaftet worden.[136] Kritisiert wurde, dass es dabei zu einer Verödung und Verhärtung der Böden gekommen sei, weil mit den Anpflanzungen zu lange gewartet wurde.[137] Diese Einschätzungen decken sich in Bezug auf die Schlagführung mit den zeitgenössischen Quellen. Allerdings wird die Plenterung im Forstwirtschaftsetat von 1855 durchaus als regel- oder

---

[131] Vgl. FPoG, 24.3.1876. In: BBl II (1876): 102.

[132] Bei der Plenterung werden hiebreife Einzelbäume entnommen. Gelegentlich erfolgt die Entnahme auch trupp- oder gruppenweise. Vgl. Erlbeck/Haseder/Stinglwanger 1998: 757.

[133] Vgl. dazu WP Rüschegg 1911. StAB BB VIa 1405: 10; WP Wattenwil 1901. StAB BB VIa 1430: [9]; WP Guggisberg 1917. AWR S.N.: 17.

[134] Vgl. WP Staatswaldungen 1885: 7-8; WP Rüschegg 1948. StAB BB 11.2.52: 8.

[135] Beim Kahlschlag wird der gesamte Erntebestand auf einer bestimmten Fläche geschlagen und anschliessend künstlich verjüngt. Vgl. Erlbeck/Haseder/Stinglwanger 1998: 756.

[136] Vgl. WP Rüschegg 1888. StAB BB VIa 1405: 18-23.

[137] Vgl. WP Rüschegg 1911. StAB BB VIa 1405: 10; WP Rüschegg 1938. StAB BB VIa 1405: 20; WP Wattenwil 1901. StAB BB VIa 1430: [4].

gleichmässig beschrieben.[138] Darin werden auch die Kahlschläge, welche zwischen 1820 und 1840 stattgefunden haben, negativ beurteilt und für die Verunkrautung und die dadurch entstandenen Schwierigkeiten bei Aufforstungen verantwortlich gemacht.[139] Gegen eine ungeplante Bewirtschaftung sprechen auch sogenannte Nutzungsreglemente. 1848 wurde die Anfrage des Gemeindeschreibers von Riggisberg, nach welchen Grundsätzen die Reglemente zu entwerfen seien, vom Direktion des Innern – dem späteren Eidgenössischen Departement des Innern [EDI] – dahin gehend beantwortet, dass das Reglement nach forstlichen Grundsätzen ausgearbeitet werden solle und wesentlich darauf Acht gegeben werden müsse, den Wald nicht über seinen nachhaltigen Ertrag hinaus zu nutzen.[140] Die Festsetzung des Letzteren wurde öfters beanstandet, woraufhin der RR die Reglemente nur unter Vorbehalt der Anpassung sanktionierte. Dass es sich dabei nicht um einen Einzelfall handelte, zeigt sich daran, dass das EDI sich aufgrund der Tatsache, dass viele Gemeinde Nutzungsreglemente zur Sanktion vorlegten, veranlasst sah, ein Musterreglement zu entwerfen und zu verbreiten.[141] 1854 wurden die Gemeinden Riggisberg und Wattenwil wegen „unordentlicher Bewirtschaftung" ihrer Gemeindewaldungen vom Forstamt angezeigt.[142] „Bedeutende Übelstände" wurden auch über die unteren Gurnigelwaldungen aktenkundig und 1858 wiesen verschiedene an das EDI adressierte Berichte auf einen „unbefriedi-

---

[138] Zu den Beschreibungen der Verhältnisse der Waldung im Amtsbezirk Schwarzenburg und Seftigen vgl. Forstwirtschaftsetat Bern Mittelland 1855. StAB BB VIa 906: 58-84.

[139] Zu den Beschreibungen der Verhältnisse der Waldung im Amtsbezirk Schwarzenburg und Seftigen vgl. Forstwirtschaftsetat Bern Mittelland 1855. StAB BB VIa 906: 58-84.

[140] Antwort der Direktion des Innern an den Regierungsstatthalter in Seftigen, 10.01.1848. StAB BB VIa 552 Bd. 1: 353-354. Dem einfacheren Verständnis halber und zu Gunsten der Einheitlichkeit wird die Direktion des Innern folgend als Eidgenössisches Departement des Innern bezeichnet.

[141] Kreisschreiben der Direktion des Innern an sämtliche Regierungsstatthalter und Oberförster des deutschen Kantonstheils, 8.9.1852. StAB BB VIa 554 Bd. 3: 342-343.

[142] Die Gemeinde Wattenwil wurde daraufhin aufgefordert, ein Nutzungsreglement zu entwerfen, während die Gemeinde Riggisberg ihres zu revidieren hatte. Vgl. dazu: Schreiben der Direktion des Innern an den Regierungsstatthalter in Seftigen, 25.10.1854. StAB BB VIa 554 Bd. 3: 476-477. Vgl. auch Vortrag der Direktion des Innern an den RR, 2.2.1855. StAB BB VIa 554 Bd. 3: 505.

genden Zustand" der Waldungen im Amtsbezirk Schwarzenburg hin.[143] Auch der Holzdiebstahl und die Waldweide scheinen weit verbreitet gewesen zu sein. Insbesondere Letztere sei trotzt Verbot nicht rückläufig.[144]

Dem Forstwirtschaftsetat von 1855 ist zu entnehmen, dass insbesondere die Blössen, welche durch die Kahlschläge entstanden waren, aufgeforstet wurden.[145] Bereits wurde auch schon auf zu Aufforstungszwecken angekaufte Wiesen verwiesen.[146] Mitfanziert wurden diese Anpflanzungen vom Kanton.[147] Für die 1860er-Jahre sind Aufforstungsarbeiten im Meierisligraben (Gürbe) und im Längeneiwald belegt.[148] Der Kauf der Wyssbachweide 1872 respektive des Wysstannengratvorsass 1873 wurde bereits mit dem Prinzip der Ersatzaufforstung einerseits und mit dem Hinweis auf den klimatischen Einfluss der Wälder insbesondere im Quellgebiet von Wildbächen andererseits begründet.[149] Bemerkenswert ist weiter, dass in beiden Schreiben auf ähnliche Vorgehensweisen bei früheren Aufforstungen verwiesen

---

[143] Leider wird nicht ausgeführt, von wem die Berichte stammen oder wann genau sie eingesandt wurden. Zu den unteren Gurnigelwaldungen vgl. Schreiben der Direktion des Innern an den Regierungsstatthalter in Seftigen, 12.6.1855. StAB BB VIa 555 Bd. 4: 14-15. Zu den Berichten über die Waldungen im Amtsbezirk Schwarzenburg vgl. Schreiben der Direktion des Innern an die Direktion der Domainen und Forsten, 23.4.1858. StAB BB VIa 555 Bd. 4: 235.

[144] Zu den Beschreibungen der Verhältnisse der Waldung im Amtsbezirk Schwarzenburg und Seftigen vgl. Forstwirtschaftsetat 1855. StAB BB VIa 906: 58-84.

[145] Zu den Beschreibungen der Verhältnisse der Waldung im Amtsbezirk Schwarzenburg und Seftigen vgl. Forstwirtschaftsetat 1855. StAB BB VIa 906: 58-84.

[146] So zum Beispiel in der Gemeinde Guggisberg. Vgl. Forstwirtschaftsetat 1855. StAB BB VIa 906: 74-84.

[147] Im Wortlaut „Staat". Es ist anzunehmen, dass damit der Kanton gemeint ist. Vgl. Forstwirtschaftsetat 1855. StAB BB VIa 906: 58-84.

[148] Für den Meierisligraben vgl. Schreiben des Oberförsters des III. Kreises an die Direktion der Domänen und Forsten, Bern 7.11.1866. StAB BB VIa 671. Für den Längeneiwald vgl. [Oberförster des III. Kreises] an die Direktion der Domänen und Forsten, Bern 27.11.1866. StAB BB VIa 671.

[149] Zum Kauf der Wyssbachweide vgl. Schreiben des Direktors der Domainen und Forsten an den RR des Kantons Bern zu handen des Grossen Raths, 18.12.1872. StAB BB VIa 671. Zum Kauf des Wystannengrathvorsass vgl. Schreiben des Direktors der Domainen und Forsten an den RR, Bern 19.11.1873. StAB BB VIa 671.

wurde.[150] Nach Schätzungen des Kreisförsters Nigst hat bis 1872 auf dem Areal des Kantons in Folge von Aufforstungen eine Waldvermehrung von circa 400 Hektaren stattgefunden.[151]

3.4 Synthese

Die Zeit von 1848 bis 1876 kann als Phase der gesetzlichen Durchsetzung des Abholzungsparadigmas bezeichnet werden. Stand zu Beginn des Untersuchungszeitraums ein eidgenössisches Forstgesetz noch ausser Frage, änderte sich dies durch die geschickte Instrumentalisierung der verschiedenen Überschwemmungskatastrophen und der Lobbyarbeit des SFV im Allgemeinen. Durch die Herstellung des Kausalzusammenhanges zwischen der Abholzung im Gebirge und den Überschwemmungen im Flachland bekam die Waldwirtschaft nationale Bedeutung. Diese Argumentation erlaubte denn auch nicht nur den staatlichen Eingriff in das Privateigentum, sondern machte ihn in den Augen der Zeitgenossen gar zur Notwendigkeit. Brändli konkludierte, dass Verwaltung und Politik auch deshalb die Argumentation des Abholzungsparadigmas übernommen haben, weil es ein Instrument zur Lösung der problematischen Stellung des Waldes in der Erwerbsgesellschaft darstellte.[152] Die Betonung der Schutzfunktion der Wälder steht aber auch für einen Wandel in der Bewältigung von Naturkatastrophen. Durch Präventionsmassnahmen wie Aufforstungen sollten Katastrophen verhindert werden. In der Diskussion über die Durchsetzung des Nutz- und Schutzwaldkonzeptes des Abholzungsparadigmas darf zudem ein Faktor nicht vergessen werden: die Eisenbahn. Richard und Stuber geben zu bedenken, dass die Idee von Schutzwaldungen erst durchsetzungsfähig wurde, als durch den Kohleimport per Bahn die Nutzungsansprüche an Brennholz vermindert worden waren.[153]

---

[150] Im Schreiben wird darauf hingewiesen, dass der GR bisher die Ansichten zur Walderhaltung geteilt und dem Ankauf und der Aufforstung „bis dato" stets beigepflichtet habe. Vgl. Schreiben des Direktors der Domainen und Forsten an den RR zu handen des Grossen Raths, Bern 18.12.1872. StAB BB VIa 671. Zum Verweis auf eine bereits 1870 zu diesem Zwecke aufgekaufte Weide vgl. Schreiben des Direktors der Domainen und Forsten an den RR, Bern 19.11.1873. StAB BB VIa 671.

[151] Vgl. Nigst 1914: 1; Mohr 2009: 33.

[152] Brändli 1998: 91.

[153] Richard 2000: 82; vgl. auch Stuber 2008: 239-242.

Auch die Berner Forstverwaltung stand seit der Wahl Marchands zum Kantonsforstmeister 1847 im Zeichen der Nutz- und Schutzwaldkonzeption. Zwar scheiterten Versuche, das als „veraltet“ bewertete Forstgesetz von 1798 zu revidieren, dennoch war die Berner Regierung bemüht, mit verschiedenen Gesetzen und Verordnungen die Forstverwaltung zu professionalisieren und die Nachhaltigkeit der Waldwirtschaft sicherzustellen. Während die Errichtung von WP ein schweizweit verbreitetes Phänomen war, hatte die gesetzliche Verankerung von Ersatzaufforstungen durchaus Pioniercharakter.[154] Die Durchdringung des Nachhaltigkeitsgedankens zeigt sich in den Nutzungsreglementen, welche für das Gantrischgebiet bereits belegt sind. Auch konnte eine sehr früh einsetzende Aufforstungstätigkeit festgestellt werden. Die Gesuche zum Landkauf für Aufforstungszwecke wurden mit den Argumenten des Naturhaushaltes begründet, was darauf hindeutet, dass diese Ideen bis zur untersten Verwaltungsstufe durchgedrungen waren.

---

[154] Zum Vergleich: Flächendeckend wurden im Kanton Aargau WP seit 1860 errichtet. Vgl. Wullschleger 1997: 237. Im Kanton Freiburg geschah dies seit 1872. Vgl. Müller 1990: 53. Im Kanton Solothurn seit 1845. Vgl. Blöchlinger 1995: 391. Im Kanton Zürich seit 1868. Vgl. Bürgi 1998: 44.

4. Die Zeit der grossen Aufforstungen (1876-1914)

4.1 Gescheiterte Revision der kantonalen Forstgesetze

1877 erliess der GR das Vollziehungsdekret für das unter eidgenössische Oberaufsicht gestellte Forstgebiet, um die Anpassung der kantonalen Gesetzgebung an die eidgenössische zu ermöglichen.[155] Insbesondere in Bezug auf die Ablösung von Dienstbarkeiten und Nebennutzungen sowie betreffend die Ausscheidung der Schutzwaldungen musste der Kanton Bern seine Gesetzgebung angleichen.[156] Ein Jahr später schied der RR im Amtsbezirk Seftigen die Waldungen der Gemeinden Rüti und Wattenwil und im Amtsbezirk Schwarzenburg die Waldungen der Gemeinden Guggisberg und Rüschegg als Schutzwaldungen aus.[157] Der RR behielt sich vor, wenn er die Notwendigkeit dazu sah, nachträglich weitere Waldungen zu den Schutzwaldungen heranzuziehen.[158] Dieser Umstand schien 1892 eingetroffen zu sein, als der RR im Amtsbezirk Seftigen die Waldungen der Gemeinde Rüeggisberg und im Amtsbezirk Schwarzenburg die Waldungen der Gemeinde Wahlern zusätzlich ins Schutzwaldgebiet einbezog.[159] Diese Erweiterung der Schutzwaldgrenze hatte zusammen mit dem Vollziehungsdekret von 1877 zur Folge, dass im Gebiet des Kantons Bern in Bezug auf das Forstwesen drei verschiedene Gesetzgebungen zum Tragen kamen: erstens die Gesetzgebung den alten Kantonsteil betreffend, zweitens den bernischen Jura betreffend und drittens die Schutzwaldungen betreffend. Bereits 1873 liess der RR je eine Samm-

---

[155] Vgl. Vollziehungsdekret, 26.11.1877. In: GS 16 (1877): 139-144.

[156] Vgl. Vollziehungsdekret, 26.11.1877. In: GS 16 (1877): 139-143.

[157] Insgesamt wurden in elf Amtsbezirken Waldungen ausgeschieden. Vgl. Beschluss Ausscheidung Schutzwaldungen, 17.9.1878. In: GS 17 (1878): 287.

[158] Vgl. Beschluss Ausscheidung Schutzwaldungen, 17.9.1878. In: GS 17 (1878): 288.

[159] Bezüglich der Ausscheidung der Waldungen der Gemeinde Rüeggisberg wandte sich Friedrich Nigst, Kreisförster des 7. Forstkreises, 1888 an die Forstdirektion, mit der Bitte, die Rüeggisberger Waldungen ebenfalls als Schutzwaldungen auszuscheiden. Vgl. Schreiben des Kreisförsters Nigst an die Forstdirektion betreffend Erklärung als Schutzwald, Rüeggisberg 27.1.1888. StAB BB VIa 596. Zum Dekret vgl. Nachtrag Ausscheidung Schutzwaldungen, 31.12.1892. In: GS 31 (1892): 518.

lung sämtlicher gültiger Erlasse betreffend das Forstwesen für den alten und den neuen Kantonsteil zusammenstellen.[160] Aufgrund der dadurch entstandenen Rechtsunsicherheit wurde 1879 eine von Grossrat Berger[161] initiierte Motion an den RR überstellt mit dem Auftrag, eine Revision der bestehenden Gesetzgebung auszuarbeiten.[162] 1882 wurde über den ersten Entwurf des RR im GR beraten.[163] Die im Entwurf enthaltenen Bestimmungen zur Organisation der Forstverwaltung wurden jedoch noch im selben Jahr per Dekret überholt, woraufhin ein neuer Gesetzesentwurf ausgearbeitet wurde.[164] 1885 beschloss der GR von einer Revision abzusehen und stattdessen die ganze Gesetzgebung umzugestalten.[165] Die Beratung über den im darauffolgenden Jahr vorgelegten Entwurf wurde allerdings sistiert, da sich auf eidgenössischer Ebene eine Revision des FPoG abzeichente.[166]

In der Zwischenzeit beschäftigte eine weitere Diskussion die Forstverwaltung. 1877 forderte der GR in einem Postulat den RR auf, „[...] untersuchen zu lassen, ob und in welcher Weise der Reinertrag der Staatswaldungen erhöht werden könne."[167] Dieses von Grossrat Kaiser initiierte Postulat gründete in dem „Gefühl", dass die Staatswaldungen des Kantons Bern bezüglich ihrer Rentabilität nicht „rationell" bewirtschaftet wurden.[168] Kaiser referierte dabei auf die Rentabi-

---

[160] Vgl dazu Direktion der Domainen und Forsten des Kantons Bern (Hg.): Sammlung für den alten Kantonstheil. 1973; Direktion der Domainen und Forsten des Kantons Bern (Hg.): Sammlung für den bernischen Jura. 1974.

[161] Zur Person vgl. Stettler: Berger (HLS).

[162] Vgl. Bericht des Kantonsforstmeisters Fankhauser bezüglich einer Revision der kantonalen Forstgesetzgebungen an die Forstdirektion des Kantons Bern, Bern [].12.1881. StAB BB 11.1.927. Zu Revisionsbestregungen vgl. auch Balsiger 1923: 57.

[163] Vgl. Balsiger 1923: 57.

[164] Vgl. Balsiger 1923: 57-58. Zum Inhalt des Dekrets vgl. Dekret Organisation Forstverwaltung, 9.3.1882. In: GS 21 (1882): 166-167.

[165] Vgl. Balsiger 1923: 58.

[166] Vgl. Balsiger 1923: 58.

[167] Kaiser 1880: 4.

[168] Kaiser 1880: 4.

litätslehre des aargauischen Oberförster Hans Riniker.[169] Trotz vehementer Gegenwehr seitens des Kantonsforstmeister Fankhauser befahl der RR die Bildung einer Expertenkommission zur Prüfung dieser Frage an.[170] Bemerkenswert ist die Diskussion deshalb, weil in der 1882 vom RR erlassenen Dienstinstruktion für die Forstinspektoren des Kantons festgehalten wurde, dass die Forstinspektoren in allen Staats-, Gemeinde- und Korporationswaldungen darauf zu achten hatten, dass alle Waldarbeiten „rationell und sachgemäss" ausgeführt und eine „rationelle, auf strenge Nachhaltigkeit" basierende Wirtschaft eingehalten wurden.[171] Inwieweit ein Kausalzusammenhang zwischen der Diskussion und der Dienstinstruktion bestand, kann hier nur gemutmasst werden. Der Zeitpunkt der Rentabilitätsdiskussion erstaunt allerdings weniger, befand sich der Kanton Bern nach dem „konjunkturellen Rückschlag" von 1877/1878 in einer Phase der wirtschaftlichen Stagnation.[172]

4.2 Die Diskurshoheit der Bundesbehörden

Auf Bundesebene waren Regierung und Parlament vor allem mit der Frage der Ausweitung der eidgenössischen Oberaufsicht über die Forstpolizei auf das gesamte Gebiet der Schweiz beschäftigt. Bei der Ausarbeitung des Verfassungsartikels 1874 wurde das unter eidgenössischer Oberaufsicht stehende Gebiet, wie in Kapitel 3.1.2 gezeigt wurde, bewusst auf das Hochgebirge beschränkt. Allerdings ersuchten 1884 die Regierungen der Kantone Baselland, Bern und Solothurn den BR, die forstlichen und wasserbaulichen Verhältnisse des Juras sowie die Möglichkeit der Ausdehnung der eidgenössischen Oberaufsicht auf

[169] In seiner Schrift „Die Berufsbildung des Forstmannes" kritisierte Riniker, dass an der Forstschule in Zürich die Rentabilitätslehre nicht gelehrt werde, obwohl diese von „grösstem nationalöconomischer Tragweite" sei und an deutschen Forstschulen bereits Lehrstühle hierfür eingerichtet worden seien. Riniker: Berufsbildung 1877: 29. Die forstliche Rentabilitätslehre geht zurück auf die deutschen Forstwissenschaftler Gottlob König und Max Robert Pressler, welche diese ab 1830 auszuformulieren begannen. Vgl dazu König 1835; Pressler 1858-1880.

[170] Zum Präsident dieser Kommission wurde Grossrat Kaiser gewählt. Dieser titulierte sich selbst in den Angelegenheiten des Forstwesens als Laie. Vgl. dazu Kaiser 1880: 4-5.

[171] Dienstinstruktion, 8.7.1882. In: GS 21 (1882): 196.

[172] Pfister 1995: 254.

dieses Gebiet prüfen zu lassen.[173] Auf die gleiche Frage ging auch der Bericht der Geschäftsprüfungskommission des Nationalrates von 1886 ein und sprach den Wunsch aus, das Landwirtschaftsdepartement möge eine besondere Untersuchung bezüglich dieses Gegenstandes veranlassen.[174] Darüber hinaus ersuchte auch der SFV den BR, die Ausdehnung der Oberaufsicht in Erwägung zu ziehen, damit in der ganzen Schweiz die Ausscheidung, Gründung und Sicherung von Schutzwaldungen staatlich subventioniert würden.[175] Der unter dem eidgenössischen Oberforstinspektor Coaz[176] ausgearbeitete Bericht verwies auf zwei wesentliche Veränderungen seit dem Erlass des Verfassungsartikels. Zum einen habe die Wichtigkeit des Schutzes von Grund und Boden in den letzten zwölf Jahren zugenommen, zum anderen hätte Industrie, Handel und Landwirtschaft mit schwierigen Verhältnissen zu kämpfen.[177] Laut dem Bericht sprachen besonders zwei Umstände für die Ausweitung der Oberaufsicht auf das gesamte Gebiet der Schweiz. Erstens seien der Jura und das Mittelland häufiger von heftigen Gewittern und Hagelschlägen betroffen als das Hochgebirge.[178] Forst- und Landmänner seien durch Beobachtungen zum Schluss gekommen, dass Wälder die Häufigkeit von Hagelschauern mindern könnten und obwohl die meisten Meteorlogen den Einfluss des Waldes auf die Hagelschauer bestritten, sei es doch ziemlich unbestritten, dass eine reich bewaldete Gegend besser vor Stürmen schütze.[179] Daher

---

[173] Vgl. Botschaft Erweiterung der eidgenössischen Oberaufsicht, 1.6.1888. In: BBl III (1888): 297-298.

[174] Auf den Bericht der Geschäftsprüfungskommission wiederholten die Kantone Baselland, Bern und Solothurn ihren Wunsch in einer erneuten Eingabe an den BR. Vgl. Botschaft Erweiterung der eidgenössischen Oberaufsicht, 1.6.1888. In: BBl III (1888): 298.

[175] Vgl. Botschaft Erweiterung der eidgenössischen Oberaufsicht, 1.6.1888. In: BBl III (1888): 298-299.

[176] Johann Coaz war massgeblich beteiligt am Aufbau und an der Organisation der eidgenössischen Inspektion für Forstwesen, Jagd und Fischerei sowie bei der Ausarbeitung der FPoG von 1876 und 1902. Zur Person vgl. Schuler: Coaz (HLS).

[177] Der Bericht führt die angesprochenen schwierigen Verhältnisse nicht weiter aus. Möglicherweise war damit die wirtschaftliche Depression respektive Stagnation zwischen 1875 und 1885 gemeint. Vgl. dazu Maissen 2010: 221-224.

[178] Botschaft Erweiterung der eidgenössischen Oberaufsicht, 1.6.1888. In: BBl III (1888): 339.

[179] Vgl. Botschaft Erweiterung der eidgenössischen Oberaufsicht, 1.6.1888. In: BBl III (1888): 339-340.

sollte das Waldareal in der gesamten Schweiz nicht mehr vermindert werden.[180] Zweitens gab der Bericht zu bedenken, dass die Wasser- und Terrainverheerungen im Hochgebirge zwar grösser seien, das Schadensausmass im Jura und im Mittelland jedoch höher zu veranschlagen sei, da das im Schadenfall betroffene Kulturland wertvoller und das Flussufer stärker bevölkert sei.[181] Zudem werde die Wasserkraft stärker ausgenützt, weshalb unregelmässige Wasserstände zu grösseren Schwierigkeiten führten.[182] Der BR rezipierte diese Argumentation zwar in seiner Botschaft von 1888, befand aber eine Verfassungsrevision als nicht opportun.[183] Stattdessen schlug er als Übergangslösung ein analoges Vorgehen wie im Bundesgesetz über die Wasserbaupolizei im Hochgebirge vor: Kantone, welche die geltenden eidgenössischen Bestimmungen betreffend das Forstwesen in ihren Gesetzgebungen übernähmen, könnten von finanziellen Unterstützungsleistungen des Bundes profitieren.[184] Indem die Rechtsgrundlage des Bundes fakultativ von den Kantonen übernommen wurde, erhoffte sich der BR bessere Erfolgsaussichten bei einer späteren Verfassungsrevision.[185] National- und Ständerat wiesen den Entwurf des Bundesbeschlusses allerdings an den BR zurück mit der Aufforderung, „[...] zu geeigneter Zeit eine bezügliche Vorlage den Räten wieder einzubringen.“[186] Im März 1893 forderte Nationalrat Baldinger, Forstingenieur und ehemaliger aargauischer Kantonsoberförster, in seiner Motion den BR erneut auf, eine Erweiterung der Bundesaufsicht zu prüfen.[187] Nur ein halbes Jahr später legte der BR einen Entwurf für eine

---

[180] Botschaft Erweiterung der eidgenössischen Oberaufsicht, 1.6.1888. In: BBl III (1888): 340.

[181] Vgl. Botschaft Erweiterung der eidgenössischen Oberaufsicht, 1.6.1888. In: BBl III (1888): 340-341.

[182] Vgl. Botschaft Erweiterung der eidgenössischen Oberaufsicht, 1.6.1888. In: BBl III (1888): 340-341.

[183] Vgl. Botschaft Erweiterung der eidgenössischen Oberaufsicht, 1.6.1888. In: BBl III (1888): 297-302.

[184] Vgl. Wasserbaupolizeigesetz, 22.6.1877. In: BBl III (1877): 296; Botschaft Erweiterung der eidgenössischen Oberaufsicht, 1.6.1888. In: BBl III (1888): 302.

[185] Botschaft Erweiterung der eidgenössischen Oberaufsicht, 1.6.1888. In: BBl III (1888): 302.

[186] Botschaft Revision Art. 24, 14.11.1893. In: BBl V (1893): 10.

[187] Darüber hinaus stellten der SFV sowie die Gemeinnützige Gesellschaft des Jura zusammen mit dem Gemeinderat der Stadt Biel Gesuche zur Untersuchung dieser Frage. Vgl. Botschaft Revision Art. 24, 14.11.1893. In: BBl V (1893): 9-10.

Revision des Verfassungsartikels 24 vor, obgleich der BR diese Möglichkeit nur fünf Jahre zuvor noch ausgeschlossen hatte. Neben den bereits bekannten Argumenten von 1888 – der positive Einfluss reich bewaldeter Gegenden auf das Klima und den Wasserstand sowie das Missverhältnis in der finanziellen Unterstützung der Kantone – betonte der BR den Wunsch nach einer einheitlichen Gesetzgebung für das gesamte Gebiet der Schweiz.[188] Weshalb der Zeitpunkt hierfür nun gekommen sei, zeigte der BR in einer dreisäulig aufgebauten Argumentation. Erstens sei der Zugriff auf die gesamte Schweiz durch die beratende Tätigkeit des Oberforstinspektorat bereits zum courant normal geworden.[189] Zweitens sei die Diskurshoheit des Bundes in Sachen Forstwesen von den Kantonen mehrfach anerkannt worden.[190] Und drittens verwies der BR auf Bundesgesetze „ähnlicher Natur", bei denen das Parlament, obwohl diese auch nicht für das gesamte Gebiet der Schweiz die gleiche Notwendigkeit besässen, jeweils Gesamtgesetze erlassen habe.[191] In der Volksabstimmung vom 11. Juli 1897 wurde die Revision angenommen, woraufhin dem Bund das Recht der Oberaufsicht über den Wasserbau und die Forstpolizei auf dem gesamten Gebiet der Schweiz zustand.[192] Im darauf folgenden Jahr präsentierte der BR dem Parlament seinen Entwurf zur Revision des FPoG von 1876. 1902 verabschiedeten National- und Ständerat eine leicht abgeänderte Version des Bundesratsentwurfes.

Folgend sollen, abgesehen vom Geltungsbereich, die wesentlichen Differenzen zum FPoG von 1876 erläutert werden. Im Gesetz von 1902 wurde erstmals der Grundsatz formuliert, dass das Waldareal in der Schweiz nicht mehr vermindert werden dürfe.[193] Die Waldungen wurden in öffentliche – darin waren alle Staats-, Gemeinde- und

---

[188] Vgl. Botschaft Revision Art. 24, 14.11.1893. In: BBl V (1893): 13-14.

[189] Vgl. Botschaft Revision Art. 24, 14.11.1893. In: BBl V (1893): 11.

[190] Der BR verwies an dieser Stelle auf die schweizerische Forstschule, der schweizerischen Centralanstalt für das forstliche Versuchswesen sowie auf die Tatsache, dass die Kantone dem eidgenössischen forstlichen Wählbarkeitszeugnis gegenüber eigenen kantonalen Prüfungen den Vorzug gegeben hätten. Vgl. dazu Botschaft Revision Art. 24, 14.11.1893. In: BBl V (1893): 13.

[191] Botschaft Revision Art. 24, 14.11.1893. In: BBl V (1893): 14.

[192] Botschaft Oberaufsicht Forstpolizei, 1.6.1898. In: BBl III (1898): 545. Der Nationalrat hatte dem Entwurf am 15. März 1897, der Ständerat am 19. März 1897 zugestimmt. Vgl. Bundesbeschluss Revision Art. 24, 19.3.1897. In: BBl III (1897): 232.

[193] Vgl. Bundesgesetz Forstpolizei, 11.10.1902. In: BBl IV (1902): 831.

Korporationswaldungen eingeschlossen – und in private Waldungen sowie in Schutz- und Nichtschutzwaldungen unterteilt.[194] Die Definition der Schutzwaldungen wurde dahingehend abgeändert, als neu nicht mehr vom Schutz vor Überschwemmungen, sondern vom Schutz vor „ausserordentlichen Wasserständen" gesprochen wurde.[195] Diese Änderung verweist auf einen Wahrnehmungswandel: In Bezug auf die Ausnützung der Wasserkraft waren nun nicht mehr einzig Hochwasser, sondern auch Niederwasser gefürchtet.[196] Die Lage der Schutzwaldungen wurde ebenfalls präzisiert: diese hatten neu im Einzugsgebiet von Wildwassern zu liegen.[197] Weiter wurden die Bundesbeiträge massiv ausgebaut und erhöht. Die Unterstützungsleistungen an die Besoldung des Forstpersonals wurden vom BR damit begründet, dass die meisten Kantone noch zu wenige „wissenschaftlich gebildete Forstmänner" angestellt hätten, aber die „gründliche Durchführung" der Gesetzgebung nur durch diese sichergestellt werden könne.[198] Neu subventionierten die Bundesbehörden auch Errichtung von Waldwegen. Dadurch sollte das Holz beim Transport besser geschützt und gleichzeitg die Abfuhr rationalisiert werden.[199] Weganlagen seien, so argumentierte der BR, eine nationalökonomische Notwendigkeit.[200] Durch die Einführung der Wegbausubventionen fand laut Bisang in der Forstpolitik des Bundes eine Verschiebung von den Kausalhypothesen zur „Kielwassertheorie" statt. Diese geht von der Annahme aus, dass eine geordnete Holznutzung auch zu einer erhöhten Schutzfunktion führe und zugleich den Erholungswert steigere.[201]

---

[194] Vgl. Bundesgesetz Forstpolizei, 11.10.1902. In: BBl IV (1902): 824-825.
[195] Bundesgesetz Forstpolizei, 11.10.1902. In: BBl IV (1902): 825.
[196] Zur Argumentation vgl. Botschaft Oberaufsicht Forstpolizei, 1.6.1898. In: BBl III (1898): 548.
[197] Vgl. Bundesgesetz Forstpolizei, 11.10.1902. In: BBl IV (1902): 825.
[198] Botschaft Oberaufsicht Forstpolizei, 1.6.1898. In: BBl III (1898): 549. Die Beiträge an die Besoldung des Personals lagen je nach Position zwischen 5 und 35 %. Vgl. Bundesgesetz Forstpolizei, 11.10.1902. In: BBl IV (1902): 833. An den Kosten für Forstkurse übernahm der Bund die Entschädigung der Lehrer sowie die Beschaffungskosten der Lehrmittel. Vgl. Bundesgesetz Forstpolizei, 11.10.1902. In: BBl IV (1902): 833.
[199] Vgl. Botschaft Oberaufsicht Forstpolizei, 1.6.1898. In: BBl III (1898): 551. Bei der Weganlage beteiligte sich der Bund zu 20 % an den Kosten. Vgl. Bundesgesetz Forstpolizei, 11.10.1902. In: BBl IV (1902): 834.
[200] Botschaft Oberaufsicht Forstpolizei, 1.6.1898. In: BBl III (1898): 552.
[201] Vgl. Bisang 2001: 164-165.

Dennoch stand die direkte Förderung der Schutzleistungen noch immer im Zentrum der politischen Bestrebungen. So wurde die Verpflichtung der Förderung von Neuanlagen von Schutzwäldern – vom BR als dringlichste Massnahme für den Landesschutz angesehen – in Artikel 36 gesetzlich verankert und folglich die Beiträge an diese beträchtlich erhöht.[202] Sollte sich der Boden in Privatbesitz befinden, so übernahm der Bund bis zu 50 % der Kosten des Landerwerbes.[203] Dahinter stand die Überzeugung, dass die Öffentliche Hand eher in der Lage war, eine „gute Bewirtschaftung" einzuhalten als Private.[204] Die Bewirtschaftung der Wälder betreffend ist weiter das generelle Kahlschlagverbot hervorzuheben.[205]

In der Vollziehungsverordnung von 1903 wurden die Kantone aufgefordert, die Bestimmungen innert zweier Jahre umzusetzen.[206] Das 1905 erlassene bernische Forstgesetz entstand in der Absicht, die kantonale Gesetzgebung mit dem Bundesgesetz in Übereinstimmung zu bringen.[207] Somit kann das revidierte FPoG von 1902 durchaus als Geburtshelfer für ein einheitliches kantonales Forstgesetz angesehen werden. Als Schutzwaldgebiet wurde die Zone des Alpengebirges und dessen Vorberge sowie die jurassische Bergkette mit deren Hochebenen definiert.[208] Wie bereits im Vollziehungsdekret zum FPoG von 1876 erteilte der GR dem RR die Kompetenz, mit Rücksicht auf bestimmte Wasserschäden und das örtliche Klima weitere Gebiete unter Schutz zu stellen, wenn die Waldeigentümer ein diesbezügliches Begehren einreichten.[209] Zudem wies der GR der Regierung die Pflicht zu, die Vermehrung des Waldareals insbesondere im Quellgebiet „ge-

---

[202] Von 30-70 % (FPoG 1876) auf 50-80 % (FPoG 1902). Vgl. Bundesgesetz Forstpolizei, 11.10.1902. In: BBl IV (1902): 834. Zur Argumentation des BR vgl. Botschaft Oberaufsicht Forstpolizei, 1.6.1898. In: BBl III (1898): 557.

[203] Vgl. Bundesgesetz Forstpolizei, 11.10.1902. In: BBl IV (1902): 834.

[204] Botschaft Oberaufsicht Forstpolizei, 1.6.1898. In: BBl III (1898): 557-558: „Bund und Kantone müssen nämlich trachten, dass der Privatwaldbesitz möglichst in öffentliche Hand übergehe, in welcher eine gute Bewirtschaftung der Waldungen verlangt und auch eher erreicht werden kann als von Privaten."

[205] Vgl. Bundesgesetz Forstpolizei, 11.10.1902. In: BBl IV (1902), Art. 18 und Art. 29: 828-831.

[206] Vgl. Vollziehungsverordnung, 13.3.1903. In: GS 3 (1903): 22.

[207] Vgl. Gesetz Forstwesen, 20.8.1905. In: GS 5 (1905): 110.

[208] Gesetz Forstwesen, 20.8.1905. In: GS 5 (1905): 111.

[209] Vgl. Gesetz Forstwesen, 20.8.1905. In: GS 5 (1905): 111.

fährlicher“ Wildbäche anzustreben.[210] Gemeinden und Privaten wurde zur Gründung und Erhaltung von Schutzwaldungen eine finanzielle Beteiligung des Kantons von 20-30 % der Kosten zugesichert.[211] In allen Schutzwaldungen war die Ablösung von Dienstbarkeiten und Nebennutzungen zwingend vorgeschrieben.[212] Im Gegensatz zum Bundesgesetz wurde dabei nicht nur auf Nutzungskonflikte in Bezug auf eine „gute Bewirtschaftung“ hingewiesen, sondern auch auf die nachteilige Wirkung dieser Nebennutzungen auf die Produktionskraft des Bodens.[213] In Waldungen im Sammelgebiet von Wildwasser sowie in aufgeforsteten Gebieten wurde die Waldweide gänzlich verboten und in den übrigen Gebieten durfte sie nur noch unter Aufsicht ausgeführt werden.[214] Neben dem Grundsatz der Waldvermehrung wurde auch der Grundsatz der Nachhaltigkeit verankert, allerdings ergänzt um den Zusatz, dass im Falle einer Nutzung über dem vorgeschriebenen Quantum, diese Mehrnutzung in den nächsten Jahren wieder einzusparen sei.[215] Neu war die Idee eines speziellen Forstschutzes bei starker Vermehrung von Forstschädlingen. Der RR wurde ermächtigt, in solchen Fällen besondere Bewirtschaftungsvorschriften zur Eindämmung der Ausbreitung zu erlassen.[216]

1914 informierte die Forstdirektion des Kantons Bern das EDI, dass angesichts der schwierigen Finanzlage infolge des Krieges alle Arbeiten an Aufforstungs- und Verbauungsprojekten sowie an Weganlagen eingestellt wurden. Einzig bereits angefangene Projekte, welche „im Interesse ihrer Erhaltung“ beendet werden mussten, wurden weitergeführt.[217]

---

[210] Gesetz Forstwesen, 20.8.1905. In: GS 5 (1905): 121.
[211] Vgl. Gesetz Forstwesen, 20.8.1905. In: GS 5 (1905): 122.
[212] Vgl. Gesetz Forstwesen, 20.8.1905. In: GS 5 (1905): 112-113.
[213] Vgl. Gesetz Forstwesen, 20.8.1905. In: GS 5 (1905): 112.
[214] Vgl. Gesetz Forstwesen, 20.8.1905. In: GS 5 (1905): 112.
[215] Vgl. Gesetz Forstwesen, 20.8.1905. In: GS 5 (1905): 112-116.
[216] Vgl. Gesetz Forstwesen, 20.8.1905. In: GS 5 (1905): 113.
[217] Schreiben der Forstdirektion des Kantons Bern an das EDI, Bern 10.8.1914. BAR E16 1000/40 413.

4.3 Gantrischgebiet

4.3.1 Bewirtschaftungsgrundsätze und Wirtschaftsziele

Die Wirtschaftsziele der WP können in drei Schlagworten kategorisiert werden: Nutzfunktion, Nachhaltigkeit und Schutzfunktion. In Bezug auf die Nutzfunktion bestand laut den WP die Absicht darin, in möglichst kurzer Zeit bei möglichst geringen Kosten möglichst wertvolles Nutzholz zu erwirtschaften.[218] Eine Ausnahme wurde für den Lägneneywald, eines der ältesten Aufforstungsgebiete auf dem Staatswaldgebiet, gemacht, da es aufgrund der Standortverhältnisse nicht möglich sei, starkes Nutzholz zu produzieren.[219] Nach 1900 zählte nicht nur die Ausnutzung der Bodenkraft, sondern auch deren Steigerung zur Aufgabe der Förster. Als erstes wurde diese Idee im WP der Gemeinde Wattenwil von 1901 aufgegriffen und 1911 auch in den Waldungen von Rüschegg eingeführt.[220] Als Massnahme zur Wahrung der Bodenkraft und der gleichzeitigen Erziehung von wertvollen Nutzhölzern schlug Kreisförster Friedrich Nigst[221] 1905 die Vermeidung von reinen Beständen vor.[222]

Das Wirtschaftsziel der Nachhaltigkeit bezog sich einerseits auf die Holznutzung, in dem Sinne, dass auch zukünftig hohe Erträge erwirtschaftet werden können, andererseits auf die Anhäufung eines Holzvorrates.[223] Im WP von Rüschegg aus dem Jahr 1888 ist sogar die Rede vom Grundsatz der „strengsten Nachhaltigkeit".[224]

Betreffend die Schutzfunktion ist bemerkenswert, dass, obwohl in den WP, welche vor 1900 entstanden sind, der Einfluss der Wälder

---

[218] Vgl. WP Staatswaldungen 1885. StAB BB VIa 1207: [23-24]; WP Guggisberg 1892. AWR S.N.: [4]; WP Rüschegg 1888. StAB BB VIa 1405: [32-33]; WP Wattenwil 1901. StAB BB VIa 1430: [21].

[219] WP Staatswaldungen 1885. StAB BB VIa 1207: [24].

[220] Vgl. WP Wattenwil 1901. StAB BB VIa 1430: [21]; WP Rüschegg 1911. StAB BB VIa 1405: 16.

[221] Friedrich Nigst wurde 1878 zum Revierförster in Riggisberg gewählt. Ab 1882 war er Kreisförster des 7. Forstkreises und verblieb in dieser Anstellung bis zu seinem Tod 1927. Zur Person Nigst vgl. Mohr 2009: 25-28.

[222] Vgl. WP Staatswaldungen 1905. StAB BB VIa 1224: [27-29].

[223] Vgl. WP Guggisberg 1892. AWR S.N.: [4]; WP Rüschegg 1888. StAB BB VIa 1405: [33]; WP Wattenwil 1901. StAB BB VIa 1430: [21].

[224] WP Rüschegg 1888. StAB BB VIa 1405: [35].

auf das Wasserregime viel diskutiert wurde, die Erfüllung der Schutzfunktion jedoch kein explizit formuliertes Wirtschaftsziel war. Stattdessen bestand die Absicht der Bewirtschaftung darin, den Wald vor äusseren Gefahren zu schützen.[225] Erst der WP Wattenwil von 1901 sprach von der Schutzfunktion des Waldes als Wirtschaftsziel.[226] Zu Gunsten derer sollte auch von der Erzielung des grösstmöglichen Ertrages abgesehen werden.[227] In wichtigen Schutzwaldungen, so Nigst, sei es besser zu wenig als zu viel Holz zu nutzen.[228] Damit der Wald seinen Schutzzweck erfüllen könne, bedürfe es allerdings einer „richtigen" Waldwirtschaft.[229] Betreffend die Diskussion der Schutzfunktion ist zu bedenken, dass per Dekret vom 17. September 1878 die Waldungen der Gemeinden Guggisberg, Rüschegg und Wattenwil als Schutzwaldungen ausgeschieden worden waren, wodurch ihnen per se Schutzwaldcharakter zu- und dadurch auch spezielle Bewirtschaftungsvorschriften vorgeschrieben wurden.[230] Dass es dabei durchaus zu Nutzungskonflikten kommen konnte, zeigt sich am Beispiel von Guggisberg. 1889 wandte sich der Gemeinderat von Guggisberg an den RR mit der Bitte, die Waldungen der Burgergemeinde Guggisberg oder zumindest Teile davon aus dem Schutzwaldverband zu entlassen.[231] Durch die gesetzlichen Waldnutzungsvorschriften seien die Einwohner, im Speziellen die Käser, Bäcker und Gastwirte, in ihrer Existenz bedroht, da sie nicht nur ihr Brennholz käuflich erwerben müssten, sondern dass es wegen der strengen Auflagen kaum mehr Holz zu kaufen gäbe.[232] In seiner Beurteilung des Gesuches forderte Kreisförster Nigst, der RR möge das Gesuch abweisen. Nigst legte dar,

---

[225] Vgl. WP Guggisberg 1892, AWR S.N.: [4]; WP Rüschegg 1888. StAB BB VIa 1405: [34].
[226] Vgl. WP Wattenwil 1901. StAB BB VIa 1430: [21]
[227] Vgl. WP Wattenwil 1901, StAB BB VIa 1430: [21]
[228] WP Staatswaldungen 1905. StAB BB VIa 1224: [27; 263; 379-380].
[229] WP Rüschegg 1911. StAB BB VIa 1405: 16. Sehr ähnlich wurde auch im WP Wattenwil 1911 festgehalten, dass nur eine „gute Waldpflege" Schutz gegen Gefahren biete. WP Wattenwil 1911. StAB BB VIa 1430: 16.
[230] Vgl. Beschluss Ausscheidung Schutzwaldungen, 17.9.1878. In: GS 17 (1878): 287.
[231] Schreiben des Gemeinderates von Guggisberg an den RR, Guggisberg 2.8.1889. StAB BB VIa 596.
[232] Schreiben des Gemeinderates von Guggisberg an den RR, Guggisberg 2.8.1889. StAB BB VIa 596.

dass er noch von keiner Geschäftsschliessung gehört habe, wenn jedoch in Guggisberg tatsächlich Holzmangel herrsche, so sei dies ein Grund mehr, die Waldungen vor „Übernutzung" zu schützen.[233] Darüber hinaus habe die Gemeinde bereits von den Bundesbeiträgen für Aufforstungen und Verbauungen profitiert und es gäbe keine Waldparzelle, die für den Schutz nicht bedeutend wäre.[234] Der RR scheint das Gesuch abgelehnt zu haben, denn die Waldungen der Gemeinde Guggisberg verblieben in der Schutzwaldzone.

Neben dieser Trias an Wirtschafszielen trat ab 1900 ein neues Element hinzu: Die Volkswohlfahrt. Die Burgergemeinde Wattenwil wurde 1901 von Nigst aufgefordert, an Massnahmen zur Förderung des Tourismus – etwa durch Weganlagen – mitzuwirken, sofern daraus keine Nachteile für die Bewirtschaftung erwuchsen.[235] Auch im WP der Staatswaldungen von 1905 wies Nigst an, dass in der Nähe des Längeney- und des Gurnigelbades in der Bewirtschaftung auch forstästhetische Massnahmen berücksichtig werden sollten.[236]

Da die Wirtschaftsziele annähernd gleich formuliert waren, erstaunt es kaum, dass auch die Bewirtschaftungsvorschriften sehr ähnlich ausfielen. Als Betriebsform war durchgängig der Hochwald festgelegt. Dieser vermöge besseren Schutz zu bieten als Nieder- oder Mittelwälder.[237] Als Betriebsart wurde in allen WP der Femelbetrieb angeordnet, mit Ausnahme der steilen und gebirgigen Stellen, welche

---

[233] Schreiben des Kreisförsters Nigst an den RR, Rüeggisberg 2.12.1889. StAB BB VIa 596.

[234] Vgl. Schreiben des Kreisförsters Nigst an den RR, Rüeggisberg 2.12.1889. StAB BB VIa 596.

[235] WP Wattenwil 1901, StAB BB VIa 1430: [21]. Das Element der Volkswohlfahrt findet sich auch im WP der Staatswaldungen von 1905. Vgl. WP Staatswaldungen 1905, StAB BB VIa 1224: [30].

[236] Zu solchen Massnahmen zählte er die Erhaltung schöner, altehrwürdiger Bäume, die Anlage von Fusststeigen, Alleen und Ruhebänken, die Anpflanzung von exotischen Holzarten sowie die Schaffung von Fernsicht durch gezielte Schläge. Vgl. WP Staatswaldungen 1905. StAB BB VIa 1224: [30-31].

[237] Vgl. WP Wattenwil 1901. StAB BB VIa 1430: [21].

im Plenterbetrieb bewirtschaftet werden sollten.[238] Neben der Erreichung der Wirtschaftsziele bezweckten die Vorschriften der WP die Erziehung gemischter Bestände, sowohl in Bezug auf das Altersklassenverhältnis als auch in Bezug auf die Mischung der Holzarten.[239] Das Altersklassenverhältnis wurde aufgrund der Übernutzung früherer Zeiten oder durch die Aufforstungen, welche gleichaltrige Bestände hervorbrachten, als gestört wahrgenommen.[240] Als Hauptholzarten lassen sich die Fichte, die Weisstanne und die Buche identifizieren.[241] Reine Fichtenbestände galten zwar insbesondere in Reinbeständen als schädlings- und windfallanfällig, dennoch wurden sie ihrer Holzerträge wegen geschätzt.[242] Zur Erreichung gemischter Bestände wurden eine intensivere Waldpflege im Allgemeinen und eine gründliche Jungpflege und starke Durchforstungen im Speziellen angeordnet.[243] Diese waldpflegenden Eingriffe dienten ebenfalls der Begünstigung der gegen Naturgefahren standfesten Bäume.[244] Sie trugen demnach in doppelter Hinsicht zur Erfüllung der Schutzfunktion bei, weshalb es nicht erstaunt, dass die Durchforstungstätigkeit als prioritär eingestuft

---

[238] Dem WP Rüschegg von 1911 ist zu entnehmen, dass der Femelschlag nach den damaligen forstwirtschaftlichen Erkenntnissen als die geeignetste Betriebsart für die natürliche Verjüngung angesehen wurde. Vgl. WP Rüschegg 1911. StAB BB VIa 1405: 25. Zu den Ausnahmen an steilen und gebirgigen Stellen vgl. WP Staatswaldungen 1905. StAB BB VIa 1224: [27; 264; 381]; WP Guggisberg 1892. AWR S.N.: [7]; WP Rüschegg 1888. StAB BB VIa 1405: [33].

[239] Vgl. WP Staatswaldungen 1885. StAB BB VIa 1207: [21-22]; WP Rüschegg 1888. StAB BB VIa 1405: [43]; WP Guggisberg 1892. AWR S.N.: [3]; WP Wattenwil 1901. StAB BB VIa 1430: [23]; WP Staatswaldungen 1905. StAB BB VIa 1224: [32]; WP Rüschegg 1911. StAB BB VIa 1405: 21; WP Wattenwil 1911. StAB BB VIa 1430: 31; WP Guggisberg 1917. AWR S.N.: 28.

[240] WP Staatswaldungen 1905. StAB BB VIa 1224: [240-241; 276-377]; WP Rüschegg 1888. StAB BB VIa 1405: [27]; WP Wattenwil 1901. StAB BB VIa 1430: [19].

[241] Das Mischverhältnis differierte entsprechend der Höhenlage der Wälder.

[242] Vgl. WP Guggisberg 1903. AWR S. N.: [1]; WP Wattenwil 1901. StAB BB VIa 1430: [6]; WP Rüschegg 1911. StAB BB VIa 1405: 17;WP Staatswaldungen 1915. StAB BB VIa 1242: 98.

[243] WP Staatswaldungen 1885. StAB BB VIa 1207: [12-13]; WP Rüschegg 1888. StAB BB VIa 1405: [20]; WP Guggisberg 1892. AWR S.N.: [5]; WP Wattenwil 1901. StAB BB VIa 1430: [22].

[244] Vgl. WP Wattenwil 1911. StAB BB VIa 1430: 34; WP Staatswaldungen 1915. StAB BB VIa 1242: 99.

wurde.[245] Allerdings scheiterte die Durchführung oftmals an der schweren Zugänglichkeit aufgrund fehlender Weganlagen.[246]

4.3.2 Aufforstungstätigkeit

Aufgrund der Quellenlage können valide Aussagen über die Aufforstungstätigkeit im Gantrischgebiet erst für die Zeit nach 1885 gemacht werden.

Zwischen 1885 und 1914 wurden insgesamt 52 Aufforstungsprojekte auf Staatsgebiet sowie Aufforstungen von sogenannte Streuriedern[247] und Wytweiden[248] in den Gemeindewaldungen angemeldet respektive ausgeführt.[249] In den Waldungen der Burgergemeinde Wattenwil kam es insbesondere im Zusammenhang mit dem Verbau der Gürbe und ihren Seitenbächen zu ausgedehnten Aufforstungen.[250] Nigst bezifferte die bis 1914 auf Staatsareal aufgeforstete Fläche auf 768,71 ha.[251] Der grösste Teil dieser Aufforstungen fand in zu diesem Zweck vom Kanton Bern angekauften Gebieten statt. Die Erwerbungen fanden laut Nigst weder schematisch noch zufällig statt, sondern folgten innerhalb eines vorgezeichneten Rahmens bei jeder sich bietenden Möglichkeit.[252] Der Kreisförster monierte, dass er bei diesem Unterfangen nicht die nötige Unterstützung der ortsansässigen Bevöl-

---

[245] Vgl. auch WP Wattenwil 1901. StAB BB VIa 1430: [28-29]; WP Rüschegg 1911. StAB BB VIa 1405: 11; WP Staatswaldungen 1915. StAB BB VIa 1242: 61; 124.

[246] Vgl. WP Staatswaldungen 1915. StAB BB VIa 1242: 56.

[247] Der Name Riet verweist auf kurzes, steifes Gras, welches auf moorigem Grund wächst, während das Präfix Streu auf die Verwendung hinweist. Vgl. Riet. Das Schweizerische Idiotikon.
http://digital.idiotikon2.ch/idtkn/id6.htm#page/61737/mode/1up (2.10.2014).

[248] Als Wytweiden werden Flächen bezeichnet, welche sowohl aus offenen Weideplätze als auch aus Waldbestockung bestehen. Vgl.
http://www.bve.be.ch/bve/de/index/vermessung/Handbuch_DM_01_AV/bodenbedeckung/bodenbedeckungsarten/bestockte_flaechen/wytweiden.html (2.10.2014).

[249] Diese Zahl wurden aus folgenden Beständen zusammengetragen: WP Staatswaldungen 1885. StAB BB VIa 1207; WP Wattenwil 1901. StAB BB VIa 1430; WP Guggisberg 1903. AWR S. N.; WP Staatswaldungen 1905. StAB BB VIa 1224; WP Rüschegg 1911. StAB BB VIa 1405; WP Wattenwil 1911. StAB BB VIa 1430; WP Staatswaldungen 1915. StAB BB VIa 1242; StAB BB VIa 1522; BAR E16 1000/40 413; BAR E16 1000/40 419; BAR E16 1000/40 420.

[250] Vgl. WP Wattenwil 1911. StAB BB VIa 1430: 14; Botschaft Verbauung und Korrektion der Gürbe. In: BBl IV (1892): 372-380.

[251] Nigst 1914: 3.

[252] Vgl. Nigst 1914: 3

kerung erhielt, da die ins Eigentum eingreifenden waldbaulichen Projekte im Gegensatz zu den Bachverbauungen unpopulär gewesen seien.[253] So konnte etwa das zwar bereits 1893 ausgearbeitete und dem BR zur Subvention vorgelegte Aufforstungsprojekt der Oberwirterenalp nicht in Angriff genommen werden, weil sich der Besitzer dagegen wehrte.[254] In einem anderen Fall musste das zur Verbauung des Seligraben benötigte Land auf gerichtlichem Weg erworben werden, da der Besitzer es nicht freiwillig verkaufen wollte.[255] Für die Aufforstung im Bereich des Marchgrabens schlug Nigst nötigenfalls auch eine Expropriation vor.[256] Als 1885 ein Gebiet von 400 Meter Breite und 1800 Meter Länge im Wattenwiler Rain ins Rutschen gekommen war, meinte Nigst dazu, dass es dem Staat „als Hüter der Volkswohlfahrt" an sich gleichgültig sein könne, wenn die Wattenwiler ihren Wald durch falsche Bewirtschaftung verrutschen lassen.[257] Allerdings gab er zu bedenken, dass dem Staat die Pflicht der Aufsicht über die Korporationsgüter obliege und zudem sei „wertvolles Privateigentum" gefährdet, weshalb der Staat die Anlage von Entwässerungsanlagen sowie die Anpflanzung von Wald anordnen solle.[258] In einem Schreiben an den BR aus dem Jahr 1904 kritisierte das EDI, dass insbesondere Alpgenossenschaften oftmals nicht die geeignetsten Weiden, sondern die geringwertigsten aufforsteten.[259]

Der Grundstein der grossen Aufforstungstätigkeit liegt in der 100 ha umfassenden, sich auf dem Gebiet der Gemeinde Rüschegg befindenden Süftenenalp, welche 1887 vom Kanton Bern angekauft

---

[253] Vgl. Nigst 1914: 3

[254] Vgl. WP Staatswaldungen 1905. StAB BB VIa 1224: [380-382].

[255] Vgl. Schreiben des Kreisförsters Nigst an die Forstdirektion des Kantons Bern, Rüeggisberg 8.8.1888. StAB BB VIa 596.

[256] Vgl. WP Staatswaldungen 1915. StAB BB VIa 1242: 63.

[257] Schreiben des Kreisförsters Nigst an die Baudirektion des Kantons Bern, Rüeggisberg 10.2.1886. StAB BB VIa 596. Auch im Schreiben bezüglich eines Holzhaurechtes in der Süftenenalp bezeichnete Nigst den Staat als Hüter der Volkswohlfahrt. Vgl. Schreiben des Kreisförsters Nigst an die Forstdirektion des Kantons Bern betreffend ein Holzhaurecht in der Süftenen, Rüeggisberg 13.6.1889. StAB BB VIa 596.

[258] Schreiben des Kreisförsters Nigst an die Baudirektion des Kantons Bern, Rüeggisberg 10.2.1886. StAB BB VIa 596.

[259] Vgl. Schreiben des EDI an den BR, Bern 20.6.1904. BAR E16 1000/40 420.

und in den folgenden 13 Jahren aufgeforstet wurde.[260] Im Gesuch zum Ankauf argumentierte Nigst auf der einen Seite mit dem volkswirtschaftlichen Nutzen, welcher dem Kanton durch den Kauf und der Aufforstung der Alp erwachse, indem er auf die guten Absatzverhältnisse in der ansonsten holzarmen Gegend und auf die Bundessubventionen verweisend, die Rentabilität betonte.[261] Auf der anderen Seite unterstrich er die „klimatologischen" Vorteile des Projekts.[262] Aufgrund ihrer bedeutenden Höhenlage gewinne der Kanton durch die Aufforstung einen wichtigen Schutzwald.[263] Dadurch könne er nicht nur das Quellgebiet des „gefährlichen Wildflusses" Schwarzwasser beherrschen, sondern auch indirekten Einfluss auf die Wasserführung der Sense und der Aare nehmen.[264] Zudem liege die Alp in der Hagelzone, wobei eine Bewaldung nicht nur der Hagelgefahr für das Gebiet Schwarzenburg und Seftigen sondern bis Konolfingen und Signau entgegenwirke:

„Wenn irgendwo, so kann hier durch Menschenhände diesem schrecklichen Naturübel entgegengearbeitet werden."[265]

Die Argumentation basiert stark auf den Vorstellungen des Naturhaushaltes, gemäss welchen der Wald vor Klima- und Wasserextremen schütze und wurde in vielen Gesuchen rezipiert.[266] Bemerkenswert an diesem Schreiben ist die Betonung der überregionalen

---

[260] Vgl. Nigst 1914: 2. Zur Aufforstungstätigkeit vgl. Kostenaufstellung der auf Staatsareal ausgeführten Projekte, undatiert und unsigniert. StAB BB VIa 1522.

[261] Schreiben des Kreisförsters Nigst an die Forstdirektion des Kantons Bern betreffend den Ankauf der Süftenenalp, Rüeggisberg 22.2.1887. StAB BB VIa 596.

[262] Schreiben des Kreisförsters Nigst an die Forstdirektion des Kantons Bern betreffend den Ankauf der Süftenenalp, Rüeggisberg 22.2.1887. StAB BB VIa 596.

[263] Schreiben des Kreisförsters Nigt an die Forstdirektion des Kantons Bern betreffend den Ankauf der Süftenenalp, Rüeggisberg 22.2.1887. StAB BB VIa 596.

[264] Schreiben des Kreisförsters Nigst an die Forstdirektion des Kantons Bern betreffend den Ankauf der Süftenenalp, Rüeggisberg 22.2.1887. StAB BB VIa 596.

[265] Schreiben des Kreisförsters Nigst an die Forstdirektion des Kantons Bern betreffend den Ankauf der Süftenenalp, Rüeggisberg 22.2.1887. StAB BB VIa 596.

[266] Zu den Konzeptionen des Naturhaushaltes vgl. Stuber 2008: 222-226. Zu den Gesuchen vgl. Schreiben des Kreisförsters Nigst an die Forstdirektion des Kanton Berns betreffend Aufforstung des Guggershornwald, Rüeggisberg 13.1.1885. StAB BB VIa 596; Schreiben des Kreisförsters Nigst an die Forstdirektion des Kantons Berns betreffend den Ankauf des Dürrentannen Vorsass, Rüeggisberg 16.5.1889. StAB BB VIa 596; Schreiben des EDI an den BR betreffend die Aufforstung der Gurnigelalp, Bern 21.1.1901. BAR E16 1000/40 419.

Wirkung. Indem Nigst das Projekt als Neuanlage eines Schutzwaldes klassifizierte, konnten die Bundesbehörden höhere Subventionsbeiträge sprechen. Diese schienen generell ein wichtiger Faktor gewesen zu sein. Wiederholt forderte Nigst die Forstdirektion des Kantons zu raschem Handeln auf, um den günstigen Zeitpunkt für hohe Bundesbeiträge auszunutzen.[267] Betreffend die Aufforstungsprojekte in Gemeinde- oder Privatwaldungen bemerkte Nigst, dass ohne Bundes- und Kantonssubventionen kaum aufgeforstet würde.[268] Den Grund sah Nigst darin, dass in den Voralpen nicht diejenigen ernten, welche säen.[269]

Den Aufforstungen ging in der Regel die Anlage von Entwässerungsgräben voran. Diese wurden als ebenso wichtig oder gar wichtiger eingestuft als die Anpflanzungen selbst.[270] Allerdings förderten die Gräben, insbesondere wenn diese noch nicht mit Gras bewachsen waren, bei starken Niederschlägen ein schnelles Abfliessen des Wassers. Deshalb gingen die Forstbeamten dazu über, neben Entwässerungsgräben sogenannte Stauweier anzulegen, um den Wasserabfluss zu verzögern.[271] In Bezug auf die Verbauung des Marchgrabens in der Gemeinde Guggisberg hoffte Nigst 1915, dass auch in den unteren Partien Stauweier gebaut würden, wenn das Wasser zum Beispiel in einem kleinen Elektrizitätswerk Verwendung finden würde.[272] In Bezug auf die Aufforstungen im Zusammenhang mit Bachverbauungen seien Aufforstungen zwingend.[273] Verbauungen ohne Aufforstungen

---

[267] Vgl. Schreiben des Kreisförsters Nigst an die Forstdirektion des Kantons Bern betreffend den Ankauf der Süftenenalp, Rüeggisberg 22.2.1887. StAB BB VIa 596; Schreiben des Kreisförsters Nigst an die Forstdirektion des Kantons Bern betreffend den Ankauf des Dürrentannen Vorsass, Rüeggisberg 16.5.1889. StAB BB VIa 596; Schreiben des Kreisförsters Nigst an die Forstdirektion des Kantons Bern betreffend den Ankauf des Burst Vorsass, Rüeggisberg 3.9.1889. StAB BB VIa 596.

[268] Zu Aufforstungen seien vor allem denjenigen bereit, welche aus ihr Vorteile ziehen könnten. Vgl. Schreiben des Kreisförster Nigst an die Forstdirektion des Kantons Bern betreffend die Gürbeverbauung, Rüeggisberg 14.6.1889. StAB BB VIa 596.

[269] Vgl. Nigst 1914: 2.

[270] Vgl. WP Wattenwil 1911. StAB BB VIa 1430: 27; WP Staatswaldungen 1905. StAB BB VIa 1224: [32]; WP Rüschegg 1911. StAB BB VIa 1405: 12.

[271] Vgl. WP Staatswaldungen 1905. StAB BB VIa 1224: [383].

[272] Vgl. WP Staatswaldungen 1915. StAB BB VIa 1242: 62.

[273] Vgl. WP Wattenwil 1901. StAB BB VIa 1430: [2].

seien nur ein „Palliativmittel".[274] Das Setzen der Pflanzen erfolgte laut Nigst in „Nachahmung der Natur".[275] Bei der Aufforstungstätigkeit führte die Holzartenwahl zu Auseinandersetzungen mit den Bundesbehörden. Bereits 1905 kritisierte Nigst die Vorschriften des Bundes bezüglich der Holzwahl und warnte davor, die Bestände nach einem bestimmten Rezept zu gründen.[276] Zehn Jahre später sprach er bereits von einer „Holzartenmanie" der Bundesbehörden und gab zu bedenken, dass die Misserfolge der Aufforstungen auf den Wirtschafter zurückfallen würden, obwohl das Mischverhältnis nicht ein von ihm gewolltes, sondern von oben diktiertes sei.[277] Entzündet hatte sich der Streit hauptsächlich an drei Holzarten: der Fichte, der Arve und der Bergkiefer.

1902 wandte sich das EDI betreffend der Abrechnungen der Aufforstungen und Verbau im Einzugsgebiete der Gürbe und Sense an den bernischen RR und kritisierte, dass in Bezug auf die Holzartenwahl wesentlich von der Planung abgewichen worden sei. Insbesondere die Fichte, welche sich bereits natürlich gut verjüngt, sei auf Kosten der Weisstanne zu viel eingebracht worden.[278] Wider bessere Erkenntnis sei laut Nigst die Weisstanne an Stelle der im Gebiet heimischen Fichte gepflanzt worden.[279] Die Arve wurde anfänglich durch die Bundesbehörden gefördert, ihre Anpflanzung von den Behörden schlieslich der hohen Anschaffungskosten und des starken Wildverbisses wegen eingestellt.[280] Auch in Bezug auf die Bergkiefer, gemäss Nigst das „non plus ultra" der Gegend, forderten die Bundesbehörden weniger Anpflanzungen, da diese einerseits geringen Nutzwert habe

---

[274] WP Wattenwil 1901. StAB BB VIa 1430: [2].

[275] Nigst 1914: 4.

[276] WP Staatswaldungen 1905. StAB BB VIa 1224: [379-382].

[277] WP Staatswaldungen 1915. StAB BB VIa 1242: 92.

[278] Vgl. Schreiben des EDI an den RR betreffend die Aufforstungen im Einzugsgebiet der Gürbe und der Sense, Bern 13.2.1902. AWR S.N. [Aktenbestand Friedrich Nigst Divers].

[279] Vgl. WP Staatswaldungen 1915. StAB BB VIa 1242: 92.

[280] Vgl. Schreiben des schweizerischen Industrie- und Landwirtschaftsdepartements an den BR betreffend die Aufforstungen an der Gürbe, Bern 7.9.1892. BAR E16 1000/40 419; Schreiben des EDI an den RR betreffend die Aufforstungen im Einzugsgebiet der Gürbe und der Sense, Bern 13.2.1902. AWR S.N. [Aktenbestand Friedrich Nigst Divers]; Schreiben des EDI an den BR betreffend Aufforstungen in der Grönegg, Bern 10.10.1907. BAR E16 1000/40 420.

und andererseits der Bodenschutz durch die günstigeren Weiss- und Bergerlen ebenso gut übernommen werden könne.[281] Aus der Aufstellung Nigsts von 1914 geht für die Aufforstungen auf Staatsareal in der Zeit von 1885-1914 folgendes Mischverhältnis hervor:

44 % Fichten, 17 % Bergkiefern, 12 % Weisstannen, 8 % Arven, 7 % Weymuthskiefern, 5 % Lärchen und nur gerade 2 % edle Laubhölzer (welche vor allem aus Buchen bestanden haben).[282]

Bemerkenswert an diesen Zahlen ist der geringe Anteil der edlen Laubhölzer, obwohl zumindest für die Staatswaldungen Bestrebungen bestanden, die Buche vermehrt einzubringen.[283]

4.3.3 Wegbau

Bereits in den ersten WP wurde ein ausgedehntes Wegnetz zur Erfüllung der Betriebsform als essentiell betrachtet.[284] Nach der Jahrhundertwende erhielt die Anlage neuer Wege eine grössere Bedeutung. Im WP Wattenwil von 1901 wurde diese exemplarisch begründet. Erstens könne eine geordnete Bewirtschaftung nur durch ein rationelles Wegnetz sichergestellt werden.[285] Zweitens ermögliche eine bessere Zugänglichkeit eine sorgfältigere Ausnutzung des Nutzholzes und verringere die Gefahren, das Holz während des Transportes zu beschädigen.[286] Und drittens erlaubten sie eine bessere Waldpflege.[287] Letztere war insbesondere in Hinblick auf die Durchforstungsarbeiten elementar, weshalb Nigst im WP der Staatswaldungen vorschlug, innerhalb der Aufforstungsprojekte auch gleich Weganlagen zur Subvention

---

[281] WP Staatswaldungen 1915. StAB BB VIa 1242: 92. Zu der Haltung der Bundesbehörden vgl. Schreiben des EDI an den BR betreffend die Aufforstung der Gurnigelalp, Bern 21.1.1901. BAR E16 1000/40 420. Schreiben des BR an den RR betreffend die Aufforstung der Gurnigelalp, Bern 29.1.1901. AWR S.N. [Aktenbestand Friedrich Nigst Divers]; Schreiben des EDI an den RR betreffend die Aufforstungen im Einzugsgebiet der Gürbe und der Sense, Bern 13.2.1902. AWR S.N. [Aktenbestand Friedrich Nigst Divers].

[282] Nigst 1914: 5. Zu der Eignung der Baumarten vgl. Nigst 1914: 6-7.

[283] Vgl. WP Staatswaldungen 1905. StAB BB VIa 1224: [230-231]; WP Staatswaldungen 1915. StAB BB VIa 1242: 9; 54.

[284] WP Rüschegg 1888. StAB BB VIa 1405: [33]; WP Guggisberg 1892. AWR S.N.: [5].

[285] Vgl. WP Wattenwil 1901. StAB BB VIa 1430: [13].

[286] Vgl. WP Wattenwil 1901. StAB BB VIa 1430: [13].

[287] Vgl. WP Wattenwil 1901. StAB BB VIa 1430: [13].

anzumelden.[288] Während in den Waldungen der Gemeinden Rüschegg und Wattenwil die Anlage neuer Wege den Vorschriften entsprach, klagte Nigst betreffend die Staatswaldungen über Kreditmangel, weshalb der Wegbau zurückgeblieben sei.[289]

4.3.4 Organische und anorganische Schäden

Die organischen Schäden betreffend wiesen die WP der Staatswaldungen und der Waldungen der Gemeinde Wattenwil verschiedene Insekten- und Pilzbefälle aus.[290] Drängender wurden dagegen die Wildschäden eingeschätzt, welche vor allem der Weisstanne dermassen zusetzten, dass diese kaum aufkommen mochte.[291] Dem Schaden durch Verbiss könne nur durch Abschuss des Wildes abgeholfen werden.[292] So forderte auch das EDI anlässlich des Subventionsgesuches für das Aufforstungsprojekt Grön-Vorsass, der Bannwart möge zur Sicherstellung des Aufforstungserfolges das Wild auch ausserhalb der Jagdsaison schiessen.[293] Als mindestens ebenso schwerwiegend wurden die Schäden durch die Ziegenweide eingestuft.[294] Das Waldhutpersonal wurde angehalten, die Einhaltung des Weideverbotes zu kontrollieren oder die Waldungen durch Zäune einzufrieden.[295] Nebst dem Weidegang scheint bis kurz nach der Jahrhundertwende in den Staatswaldungen auch der Holzdiebstahl ein Problem gewesen zu sein. Besonders in den Längeneywald hatte dieser wohl ein grosses Ausmass angenommen. 1889 bat Nigst bei der Forstdirektion um Erlaubnis, die

---

[288] Vgl. WP Staatswaldungen 1915. StAB BB VIa 1242: 94-100.

[289] Vgl. WP Rüschegg 1911. StAB BB VIa 1405: 12; WP Wattenwil 1911. StAB BB VIa 1430: 17; WP Staatswaldungen 1915. StAB BB VIa 1242: 10; 64.

[290] Vgl. WP Staatswaldungen 1905. StAB BB VIa 1224: [17; 365]; P Wattenwil 1911. StAB BB VIa 1430: 10; WP Staatswaldungen 1915. StAB BB VIa 1242: 10-12; 95.

[291] Vgl. WP Staatswaldungen 1905. StAB BB VIa 1224: [241]; WP Rüschegg 1911. StAB BB VIa 1405: 12; WP Staatswaldungen 1915. StAB BB VIa 1242: 57.

[292] Vgl. WP Rüschegg 1911. StAB BB VIa 1405: 22.

[293] Vgl. Schreiben des EDI an den BR betreffend das Aufforstungsprojekt Grön-Vorsass, Bern 7.3.1904. BAR E16 1000/40 420.

[294] Vgl. WP Guggisberg 1892. AWR S.N.: [3]; WP Staatswaldungen 1905. StAB BB VIa 1224: [243]; WP Rüschegg 1911. StAB BB VIa 1405: 12; WP Staatswaldungen 1915. StAB BB VIa 1242: 57.

[295] Vgl. WP Rüschegg 1911. StAB BB VIa 1405: 22; WP Staatswaldungen 1915. StAB BB VIa 1242: 57.

Bannwarte des Längeneywaldes mit Revolvern auszustatten, da diese wiederholt von Holzdieben angegriffen wurden.[296] Ein neues Phänomen hingegen waren die Klagen über Schäden durch Touristen. Insbesondere die dadurch gestiegene Waldbrandgefahr beklagte Nigst 1915 für Teile der Staatswaldungen.[297]

Wasserverheerungen wurden vor allem in den Staatswaldungen beklagt. Durch Verschlechterung der Drainage in den Steckhüttenwaldungen sammelte sich 1904 viel Stauwasser an einer Stelle, woraufhin es zu Rutschungen kam.[298] Im selben Jahr verliess die Muschernsense ihr Bachbett aufgrund eines Felssturzes.[299] Die Muschernsense, so wurde beklagt, verursache fast jährlich ein Hochwasser, wodurch das Ufer unterspült werde und ins Rutschen gerate.[300] Diese Hochwasser führte Nigst auf eine „unvernünftige" Abholzungspolitik im Kanton Freiburg zurück.[301] Bereits 1887 hatte Nigst die Waldbewirtschaftung des Kantons Freiburg im Einzugsgebiet der Sense als Misswirtschaft bezeichnet und beim eidgenössischen Oberforstinspekorat diesbezüglich eine Anzeige erstattet.[302] Noch 1915 prangerte Nigst die übermässigen Abholzungen im Kanton Freiburg an und führte auch die Überschwemmung der Muschernsense 1908, ausgelöst durch einen Felsturz, auf die Wirtschaftsführung in Freiburg zurück.[303]

Sturmschäden wurden in dieser Periode in Guggisberg, Wattenwil und in den Staatswaldungen beklagt. In drei Forstjahren hatten Stürme besonders grosse Schäden angerichtet zu haben: 1899/00,

---

[296] Vgl. Schreiben des Kreisförsters Nigst an die Forstdirektion des Kantons Bern, Rüeggisberg 4.3.1889. StAB BB VIa 596. Nigst beklagte sich im WP der Staatswaldungen von 1905, dass der Frevel nicht der Not der Bevölkerung entspringe, sondern diese Manie in Fleisch und Blut übergangen sei. Vgl. WP Staatswaldungen 1905. StAB BB VIa 1224: [13-14].

[297] Vgl. WP Staatswaldungen 1915. StAB BB VIa 1242: 95-96.

[298] Vgl. WP Staatswaldungen 1905. StAB BB VIa 1224: [227].

[299] Vgl. WP Staatswaldungen 1905. StAB BB VIa 1224: [227].

[300] Vgl. WP Staatswaldungen 1905. StAB BB VIa 1224: [228].

[301] WP Staatswaldungen 1905. StAB BB VIa 1224: [231].

[302] Vgl. Schreiben des Kreisförsters Nigst an die Forstdirektion des Kantons Bern, 24.2.1887. StAB BB VIa 596. Zu den Auswirkungen der Anzeige vgl. Müller 1990: 73-74.

[303] Vgl. WP Staatswaldungen 1915. StAB BB VIa 1242: 58.

1910/11 und 1914/1915.[304] In den Jahren 1899 und 1900 führten Sturmwinde in den Längeneiwaldungen auf Staatsareal zu „ausserordentlichen Schäden".[305] In den Waldungen der Gemeinde Guggisberg legten dieselben eine volle Jahresnutzung nieder.[306] Die Windfälle in den Jahren 1910/1911 fanden hauptsächlich in den ersten Generationen von Aufforstungen im Staatswald und im Wattenwilerwald statt.[307] Die Sturmwinde im September 1914 wiederum warfen in den Wäldern zwischen 900 bis 1200 m.ü.M. die halbe bis ganze Jahresnutzung um.[308] Nigst resümierte 1915, dass die Windfälle im vergangenen Jahrzehnt die gesamten Wirtschaftsmassnahmen auf den Kopf gestellt hatten.[309]

4.3.5 Rückblick: Zeitgenössische Einschätzung der Bewirtschaftungsverhältnisse

In der Bewertung der Waldnutzung sind zwei Bedingungen zu erkennen: Die Abhängigkeit der Nutzung von der Zugänglichkeit respektive dem Absatzmarkt und von Naturereignissen. Fehlte es an Weganlagen oder waren die Absatzverhältnisse schwierig, so wurde das projektierte Quantum nicht ausgenutzt. Waren gute Wegverhältnisse vorhanden, so lag die Nutzung über den Vorschriften. Ebenso führten die grossen Mengen an Schadensholz zu Mehrnutzungen.

In den Waldungen der Burgergemeinde Guggisberg kam es dort zu einer starken Nutzung, wo gute Wegverhältnisse die Holzungen erleichterten und wo „schöne" Bestände standen.[310] In anderen Hiebszügen, vor allem im Aegertenwald, wurde jedoch viel weniger als projektiert geschlagen, obwohl gerade an diesen Stellen ein energischer

---

[304] Als weitere Sturmjahre wurden folgende angegeben: 1895/96, 1898/99, 1900/01, 1903/04, 1905/06, 1906/07; 1909/10, 1911/12. Vgl. WP Staatswaldungen 1905. StAB BB VIa 1224: [17]; WP Staatswaldungen 1915. StAB BB VIa 1242: 10.
[305] WP Staatswaldungen 1905. StAB BB VIa 1224: [17-18].
[306] Vgl. WP Guggisberg 1903. AWR S. N.: [5].
[307] Vgl. WP Wattenwil 1911. StAB BB VIa 1430: 7-8; WP Staatswaldungen 1915. StAB BB VIa 1242: 10.
[308] Vgl. Jahresbericht des Kreisforstamtes VII von 1914, Kehrsatz 8.1.1915. StAB BB 11.2.392.
[309] Vgl. WP Staatswaldungen 1915. StAB BB VIa 1242: 10.
[310] WP Guggisberg 1917. AWR S.N.: 19.

Plenterschlag angeordnet gewesen wäre.[311] Insgesamt blieb die Nutzung unter dem projektierten Quantum zurück.[312] Die Waldungen der Gemeinde Rüschegg wurden in der Tendenz wegen ungünstigen Abfuhrverhältnissen unternutzt, obwohl viel Schadensholz genutzt werden musste.[313] Auch in den Waldungen der Burgergemeinde Wattenwil wurde bis 1911 aufgrund der Transportverhältnisse zu wenig Holz geschlagen.[314] In den folgenden Jahren musste jedoch aufgrund des Windfallholzes mehr genutzt werden, als projektiert war.[315] In den Staatswaldungen kam es durch Schneedruckschäden und Windfälle zu erheblichen Zwangsnutzungen. [316] Wegen einer Krise auf dem Holzmakrt in Freiburg wurd jedoch innerhalb der planmässigen Nutzung, weniger Holz geschlagen, als projektiert gewesen war. [317] Kreisförster Nigst bewertete diesen Nutzungsrückstand jedoch als positiv, da so in den Schutzwaldungen der Holzvorrat angehäuft werden könne.[318] Die WP der Waldungen von Guggisberg und von Wattenwil bemängelten, dass zu viele Loosholze an die Burger abgeben wurden.[319] Waldbauliche und waldpflegerische Eingriffe hingen dagegen von den finanziellen Mitteln ab. So blieben etwa die angeordneten Durchforstungen in den Gemeindewaldungen zurück.[320] Auch kritisierte Nigst, dass der Kanton zu wenige Kredite spreche und waldbauliche Massnahmen daher stark von den Bundessubventionen abhingen.[321] Ab 1905 beklagte sich Nigst auch über Arbeitermangel. Wolle man einen Stillstand oder gar einen Rückschritt des Forstbetriebes verhindern, so

---

[311] Vgl. WP Guggisberg 1917. AWR S.N.: 19.
[312] Vgl. WP Guggisberg 1917. AWR S.N.: 19.
[313] Vgl. WP Rüschegg 1920. StAB BB VIa 1405: 20.
[314] Vgl. WP Wattenwil 1911. StAB BB VIa 1430: 17.
[315] Vgl. WP Wattenwil 1921. StAB BB VIa 1430: 18.
[316] Vgl. WP Staatswaldungen 1915. StAB BB VIa 1242: 4.
[317] Vgl. WP Staatswaldungen 1905. StAB BB VIa 1224: [226].
[318] Vgl. WP Staatswaldungen 1915. StAB BB VIa 1242: 89.
[319] Vgl. WP Wattenwil 1901. StAB BB VIa 1430: [15]; WP Guggisberg 1923. AWR S.N.: [14].
[320] Vgl. WP Rüschegg 1920. StAB BB VIa 1405: 20; WP Guggisberg 1923. AWR S.N.: [7].
[321] Vgl. WP Staatswaldungen 1915. StAB BB VIa 1242: 55; 93-94.

müsse man sich überlegen – wie es etwa die Baudirektion längst tat – auch im Forstbetrieb italienische Arbeiter einzustellen.[322]

4.4 Synthese

Als zentrales Element der Forstpolitik auf Bundes- und Kantonsebene kann die Abwendung von der Idee der „Alpenplage" bezeichnet werden, welche zu Gunsten einer staatlichen beziehungsweise kantonalen Oberaufsicht über die Forstpolizei aufgegeben wurde. Dabei spielten zwei Faktoren eine tragende Rolle. Einerseits trug die Ausnutzung der Wasserkraft dazu bei, dass nun schwankende Wasserpegel im Allgemeinen als Bedrohung empfunden wurden, andererseits war die Diskurshoheit der staatlichen Behörden in Forstfragen soweit akzeptiert worden, dass folglich nur eine unter staatlicher Aufsicht geführte Forstwirtschaft als „gut" anerkannt wurde. Bereits anlässlich des Rutsches in den Wattenwiler Waldungen von 1886 wertete Nigst die Pflicht des Kantons als „Hüter der Volkswohlfahrt" höher als das Alpenplageparadigma.[323] Die lokale Bevölkerung wehrte sich jedoch gegen die starke staatliche Reglementierung, wie am Beispiel des Gesuchs von Guggisberg gezeigt werden konnte. Die trotz Verbot ausgeübte Ziegenweide sowie der teilweise stark verbreitete Holzdiebstahl können im Sinne von Küchli/Stuber als Protestbewegung der ortsansässigen Bevölkerung gegen den staatlichen Eingriff gewertet werden.[324] Dieser wurde vom Forstpersonal jeweils mit dem Argument des Holzmangels legimitiert.

Auch in Bezug auf die Aufforstungen konnte eine gewisse Kooperationsverweigerung von privaten oder genossenschaftlichen Bodenbesitzern nachgewiesen werden. Während in den Gemeindewaldungen vor allem bestehende Blössen aufgeforstet wurden, kaufte der Kanton Bern grosse Flächen zu Aufforstungszwecken an. Allein auf Staatsareal wurden so 768,71 ha aufgeforstet. Die Argumentation für diese Aufforstungen folgte dabei den Ideen des Naturhaushaltes sowie

---

[322] Vgl. WP Staatswaldungen 1905. StAB BB VIa 1224: [239-240]. 1915 verwies Nigst auf Arbeiten, welche aufgrund des Arbeitermangels nicht ausgeführt werden konnten. WP Staatswaldungen 1915. StAB BB VIa 1242: 55.

[323] Schreiben des Kreisförsters Nigst an die Baudirektion des Kantons Bern, Rüeggisberg 10.2.1886. StAB BB VIa 596.

[324] Küchli/Stuber 2001.

dem Abholzungsparadigma. Gleichfalls bemerkenswert ist die Betonung der überregionalen Wirkung der Aufforstungen. Zur Auseinandersetzung zwischen der lokalen Behörde und der Bundesbehörde kam es in Bezug auf die Holzartenwahl. Obwohl die Letztere insbesondere die Fichte und die Bergkiefer zurückdrängen wollte, zeigen die Zahlen betreffend das Mischverhältnis, dass diese Weisungen nicht berücksichtigt wurden.

Die staatlichen Subventionen spielten als Anreizsystem sowohl in den Staats- als auch in den Gemeindewaldungen eine wichtige Rolle. Die Bewirtschaftungsvorschriften der WP entsprachen dem Diskurs der eidgenössischen und kantonalen Politik. Der Nachhaltigkeitsbegriff war vor allem auf eine kontinuierliche, grösstmögliche Ausnutzung der Produktionskräfte ausgelegt. Wobei das lokale Forstpersonal von der Prämisse ausging, dass ein rationeller Forstbetrieb die Schutzfunktion des Waldes erhöhe und somit bereits im Sinne der Kielwassertheorie argumentierte. Mit tiefen Nutzungsquanten sollte der Schutzwald geschont und ein Holzvorrat angelegt werden. Bezüglich der Nutzung spielten aber äussere Faktoren eine gewichtige Rolle. Was vom Forstpersonal an der vorangegangen Periode kritisiert wurde, traf aber auch auf diese Periode zu: Geholzt wurde vor allem dort, wo es wirtschaftlich wertvolle, leicht zugängliche Holzbestände gab. Auch bei schwierigen Absatzverhältnissen wurde mit einer Rückstellung der Schläge reagiert. Zudem verhinderten Sturmwinde, welche in der zweiten Hälfte der Periode gehäuft auftraten, eine planmässige Nutzung. Ferner erschwerte der Mangel an Arbeitspersonal die Einhaltung der Betriebsvorschriften.

5. Krisen und Sparzwang (1918-1938)

5.1 Die Forstpolitik in Bedrängnis

Die Forstpolitik des Bundes und des Kantons Bern in der Zwischenkriegszeit war geprägt durch Bestrebungen zur Ausweitung der staatlichen respektive kantonalen Aufsicht durch Notstandsarbeiten und Sparmassnahmen in den zwei Krisenzeiten der 1920er und 1930er-Jahre sowie der Förderung der Holzwirtschaft.

1921 legte der BR einen Entwurf zur Revision des FPoG betreffend die Vorschriften in privaten Nichtschutzwäldern vor. Damit reagierte er auf die Anfragen verschiedener Kantone sowie des SFV, welche durch die Erfahrungen der Kriegsmassnahmen eine Ausdehnung der Überwachung der Holznutzungen forderten.[325] Ein solcher Eingriff in das freie Verfügungsrecht sei, so die Ansicht des BR, sowohl im allgemeinen als auch im Interesse des Privatwaldbesitzers.[326] Die staatliche Aufsicht beuge einerseits einer Übernutzung vor und erhalte so den Privatwaldbesitz, andererseits schütze das Kahlschlagverbot im oft stark parzellierten Privatwaldbesitz die Nachbarbestände vor „schädlichen“ Einflüssen der unorganischen Natur.[327] Der BR verwies zudem auf die uneinheitliche kantonale Praxis der Schutzwaldausscheidung. Nur in sechs Kantonen gebe es private Nichtschutzwälder deren gesamte Fläche 1000 ha übersteige, daher könne die Erweiterung der staatlichen Aufsicht kaum als „schwerer“ Eingriff in die Rechte der Privatwaldbesitzer gewertet werden.[328] Der Kanton Bern vollzog die Anpassung an die Revision in der Verordnung über die Holzschlagpolizei vom 13. Mai 1924.[329] Aufgrund dieser Revision standen nun in Bezug auf Nutzung und Bewirtschaftung sämtliche

[325] Vgl. Botschaft Abänderung FPoG, 12.9.1921. In: BBl IV (1921): 26.
[326] Vgl. Botschaft Abänderung FPoG, 12.9.1921. In: BBl IV (1921): 26-27.
[327] Botschaft Abänderung FPoG, 12.9.1921. In: BBl IV (1921): 26.
[328] Botschaft Abänderung FPoG, 12.9.1921. In: BBl IV (1921): 27. Die Beratung des Nationalrates zeigt, dass die Ausdehnung durchaus als schwerer Eingriff in die Privatrechte verstanden wurde. Die Gegner der Vorlage sprachen gar von Bevogtung und von verfassungswidrigen Eingriffen. Vgl. dazu: Beratung Nationalrat Abänderung FPoG, 25.4.1923. In: ABB II (1923): 222-234.
[329] Vgl. Verordnung Holzschlagpolizei, 13.5.1924. In: GS 24 (1924): 55-56.

Waldungen in der Schweiz unter staatlicher beziehungsweise kantonaler Aufsicht.

Während der Krise der 1920er-Jahre[330] erliessen Bund und Kanton eine Vielzahl an sowohl fürsorgerischen wie auch arbeitsbeschaffenden Massnahmen.[331] Neben den finanziellen Unterstützungsleistungen an Arbeitslose, welche die Finanzen der Gemeinden und Kantone stark belasteten, ohne, so der Vorwurf, einen Gegenwert zu generieren, gingen die Verwaltungen dazu über, Arbeitsbeschaffungsmassnahmen zu fördern.[332] In der Land- und Forstwirtschaft sahen der BR und auf kantonaler Ebene der RR den geeigneten Ort für solche Massnahmen.[333] Deren Ziel war es, durch Subventionen und „Kurzarbeit" der Arbeitslosigkeit vorzubeugen.[334] Nur wenn diese Massnahmen nicht griffen, sollten Notstandarbeiten, d.h. „Arbeiten, die ohne berufliche Bildung von jedermann sofort ausgeführt werden" konnten, gefördert werden.[335] Der BR hob hier Meliorations- und Gewässerkorrektionsarbeiten sowie Strassen- und Wegbauten als entsprechende Tätigkeiten besonders hervor.[336] Diese Tätigkeiten hatten den Vorteil, dass diesbezügliche Subventionen bereits gesetzlich verankert waren, womit Bund und Kantone bereits über die geeigneten Instrumente zur Förderung verfügten.[337] In der Folge zeigte sich allerdings, dass die

---

[330] Zur Krise der 1920er-Jahre vgl. Jost: Bedrohung. 2006: 770-773.

[331] Auf Kantonsebene vgl. Verordnung Arbeitslosigkeit, 16.9.1918. In: GS 18 (1918): 351-361; Vollziehungsverordnung Arbeitslosigkeit, 11.7.1919. In: GS 19 (1919): 391-399; Verordnung Bekämpfung der Arbeitslosigkeit und der Förderung der Hochbautätigkeit, 6.3.1920. In: GS 20 (1920): 56-65; Verordnung Behebung der Arbeitslosigkeit, 10.3.1921. In: GS 21 (1921): 98-105; Verordnung Arbeitslosigkeit, 28.11.1922. In: GS 22 (1922): 242-251. Auf Bundesebene vgl. Botschaft Arbeitslosigkeit, 30.5.1919. In: BBl III (1919): 383-395; Bericht getroffene Massnahmen, 15.11.1919. In: BBl V (1919): 437-632; Bundesbeschluss Förderung, 11.5.1920. In: GS 20 (1920): 240-241; Ausführungsbestimmungen Förderung, 8.6.1920. In: GS 20 (1920): 260-262.

[332] Der BR fürchtete auch eine Gewöhnung der Arbeiter an den Müssiggang. Zu den Klagen über die finanziellen Lasten vgl. auch Botschaft Arbeitslosigkeit, 30.5.1919. In: BBl III (1919): 385.

[333] Vgl. Botschaft Arbeitslosigkeit, 30.5.1919. In: BBl III (1919): 383; Verordnung Arbeitslosigkeit, 16.9.1918. In: GS 18 (1918): 356.

[334] Vgl. Botschaft Arbeitslosigkeit, 30.5.1919. In: BBl III (1919): 388.

[335] Botschaft Arbeitslosigkeit, 30.5.1919. In: BBl III (1919): 388.

[336] Vgl. Botschaft Arbeitslosigkeit, 30.5.1919. In: BBl III (1919): 388.

[337] Vgl. Botschaft Arbeitslosigkeit, 30.5.1919. In: BBl III (1919): 388-389.

Bundesverwaltung den Ausbau des Wegnetzes als Notstandsarbeiten bevorzugte. So hob das EDI in einem Kreisschreiben an die Kantonsregierungen die Eignung von Wegbauarbeiten als Arbeitsbeschaffungsmassnahme hervor, und auch in den jährlichen Berichten zur Geschäftsführung forderte der BR, den Wegbauten „grösste Aufmerksamkeit" zu schenken, insbesondere auch in Hinblick auf die dadurch geschaffenen besseren Verhältnisse in der Holznutzung.[338] Dagegen rief er die Kantonsregierungen betreffend den Gewässerkorrektionen und Meliorationen zur Sparsamkeit auf. Zwar lobte er das Interesse der Kantone an der Präventionsarbeit, wies sie aber angesichts der finanziellen Belastung zugleich an, die Arbeit auf zwingend notwendige Projekte zu beschränken und die Restlichen auf „spätere, normalere Zeiten" zu verschieben.[339] Auffallend ist die starke Betonung der Wirtschaftlichkeit und Rentabilität, im Namen derer der BR die Kantone aufforderte, im Gegensatz zur Praxis der Vorkriegsjahre die Projekte zuallererst auf ihr Kosten-Nutzen-Verhältnis zu untersuchen.[340] Zudem kündigte der BR an, die Bundesbeiträge zukünftig am unteren gesetzlichen Limit anzusetzen, um so eine rationelle Durchführung der Projekte zu fördern.[341] 1923 begann der Abbau der fürsorgerischen Massnahmen zur Bekämpfung der Arbeitslosigkeit.[342]

Neben dem Wirtschaftlichkeitsdiskurs der Nachkriegskrise beeinflusste der Diskurs über die Entvölkerung der Berggebiete die schweizerische Forstpolitik. Vor dem Hintergrund der ideologischen

---

[338] Das Kreisschreiben des EDI an die Kantonsregierungen vom 14.12.1921 wird erwähnt im Bericht Geschäftsführung 1921. Vgl. Bericht Geschäftsführung 1921. In: GB 67 (1921): 216. Zu den Hervorhebungen in den Geschäftsberichten vgl. Bericht Geschäftsführung 1919. In: GB 65 (1919): 199-200; Bericht Geschäftsführung 1920. In: GB 66 (1920): 225; Bericht Geschäftsführung 1922. In: GB 68 (1922): 238.

[339] Ebenfalls kritisiert wurde die Praxis, dass der Baubeginn oftmals vor der Einreichung der Subventionsgesuche lag. Kreisschreiben Gewässerkorrektionen und Bodenverbesserungen, 11.5.1920. In: BBl III (1920): 35.

[340] Auf den fünf Seiten wird allein das Wort Wirtschaftlichkeit zehnmal erwähnt. Vgl. Kreisschreiben Gewässerkorrektionen und Bodenverbesserungen, 11.5.1920. In: BBl III (1920): 35-39.

[341] Höhere Ansätze würden nur noch gesprochen werden, wenn schwierige Verhältnisse vorlägen. Vgl. Kreisschreiben Gewässerkorrektionen und Bodenverbesserungen, 11.5.1920. In: BBl III (1920): 39.

[342] Vgl. Bericht Abbau Arbeitslosenfürsorge, 18.5.1923. In: BBl II (1923): 255-262; Verordnung Einstellung der Massnahmen zur Bekämpfung der Arbeitslosigkeit, 11.3.1924. In: GS 24 (1924): 18.

aufgeladenen Diskussion um Ländlichkeit forderte Nationalrat Baumgartner 1924 in einer Motion die Untersuchung der Lage der Bevölkerung in den Berggebieten.[343] Darin forderte er den BR auf, eine Untersuchung über Ursachen, Formen und Fakten der Abwanderung aus den Berggebieten der Schweiz anzuordnen.[344] Nachdem National- und Ständerat die Motion gutgeheissen hatten, wurde eine ausserparlamentarische Kommission mit der Umfrage betraut. Anlässlich der Beratung im Ständerat wurde die Untersuchung mit dem vom Ständerat Huber 1922 gestellten, aber durch den BR aufgrund der wirtschaftlichen Lage der Schweiz zurückgestellten, Postulat verknüpft. Ständerat Huber hatte den BR 1922 eingeladen, eine Erhöhung der Subventionen für den Ausbau der Waldwege in Gebirgsgegenden zu prüfen.[345] Im Schlussbericht betonte die Kommission den ideologischen und „historischen" Wert, welchen die Bergbevölkerung für die Schweiz als Ganzes habe und leitete daraus eine Erhöhung der Unterstützungsleistungen seitens des Bundes und der Kantone ab.[346] Das Forstwesen betreffend umfasste der Forderungskatalog des Schlussberichtes drei Anträge: Die Erhöhung der Subvention für den Ausbau der Waldwege, die Sprechung des maximalen Subventionsbetrags für alle mit den Aufforstungen verbunden Arbeiten sowie die Knüpfung der Gelder an ein Verbot der Ziegenweide.[347] Während die letzten beiden Forderungen vom BR abschlägig beurteilt wurden, legte er 1929 einen Entwurf zur

---

[343] Vgl. Bericht Motion Baumberger, 14.11.1930. In: BBl II (1930): 597. Zum ideologischen Diskurs der Ländlichkeit vgl. Walter 1996: 113-115.

[344] Das zu untersuchende Gebiet umschloss ungefähr 1119 Gemeinden, welche über 700 m.ü. Meer lagen. Vgl. Bericht Motion Baumberger, 14.11.1930. In: BBl II (1930): 597.

[345] Vgl. Bericht Geschäftsführung 1922. In: GB 68 (1922): 10; Botschaft Revision Oberaufsicht Forstpolizei, 31.7.1928. In: BBl II (1928): 361-362.

[346] Im Bericht heisst es wörtlich: „Die Schweiz ohne ein innerlich und äusserlich gesundes und starkes Berglervolk wird keine Schweiz mehr sein im historischen Sinne." Schlussbericht der Kommission, 1929. Zitiert nach Walter 1996: 117.

[347] Vgl. Bericht Motion Baumberger, 14.11.1930. In: BBl II (1930): 608-609.

Revision des Artikels 42 vor.[348] Das Argumentarium des BR zu dieser Revision stützte sich auf drei Pfeiler. Durch die Anhebung der Subventionsansätze sollte erstens der Entvölkerung der Berggebiete entgegengewirkt werden, zweitens sorgte eine bessere Zugänglichkeit für eine verbesserte Holznutzung und diese führte drittens zu einer intensiveren Pflege und dadurch zu einer erhöhten Schutzwirkung der Wälder.[349] Das Bundesgesetz, welches vom Parlament 1929 verabschiedet wurde, sah eine Erhöhung der Subventionen von bisher maximal 20 % auf 30 % sowie neu für die Anlage neuer Wege unter „schwierigen Verhältnissen" gar eine Maximalsubvention von 40 % vor.[350] Neu war ferner der Zusatz, dass die Beiträge nur gesprochen werden sollen, wenn sich die Kantone ebenfalls an den Kosten beteiligten. Da die Gesetzgebung des Kantons Bern eine derartige Subvention bis dahin nicht kannte, sicherte der RR per Beschluss einen Kostenbeitrag von 25 % zu.[351] Diese Erhöhung der Beiträge an Weganlagen markiere, so Bisang, den definitiven Übergang von der Kausal- zur Kielwassertheorie.[352]

Durch die Weltwirtschaftskrise[353] kam es zu einer Verschärfung des Sparsamkeitsdiskurses der frühen1920-Jahre. Wie bereits in der

---

[348] In seinem Bericht über die Geschäftsführung aus dem Jahr 1926 bemängelte der BR zwar, dass den erstellen Kulturen nicht genügend Aufmerksamkeit in der Pflege zukam, insbesondere in Bezug auf den Weidegang mit Ziegen. Dennoch sah er die Kompetenz zur Lösung dieses Problems in privaten Initiativen und nicht in der Bundesverwaltung. Vgl. dazu: Bericht Geschäftsführung 1926. In: GB 72 (1926): 184; Bericht Motion Baumberger, 14.11.1930. In: BBl II (1930): 608-609. Der Forderung, jeweils die maximalen Subventionsbeiträge zu sprechen, wurde zwar nicht entsprochen, jedoch stimmte das Parlament in der Revision des Art. 42 des FPoG einer Erhöhung der Entschädigung für den Ertragsausfall zu. Vgl. Bericht Motion Baumberger, 14.11.1930. In: BBl II (1930): 598; Bundesgesetz Revision Oberaufsicht Forstpolizei, 14.3.1929. In: BBl I (1929): 378-379.

[349] Vgl. Botschaft Revision Oberaufsicht Forstpolizei, 31.7.1928. In: BBl II (1928): 361-364.

[350] Damit ging das Bundesgesetz deutlich weiter als der Entwurf des BR, welcher nur eine Erhöhung des Maximalansatzes beim Bau von Weganlagen im Alpengebiet auf 30 %, vorgesehen hatte. Vgl. Botschaft Revision Oberaufsicht Forstpolizei, 31.7.1928. In: BBl II (1928): 371; Bundesgesetz Revision Oberaufsicht Forstpolizei, 14.3.1929. In: BBl I (1929): 378.

[351] Beschluss Kantonsbeiträge, 12.11.1929. In: GS 29 (1929): 128.

[352] Vgl. Bisang 2001: 163.

[353] Zur Weltwirtschaftskrise in der Schweiz vgl. Jost 2006: 779-782.

Nachkriegskrise wurden von Bund und Kanton Bern Massnahmen zur Arbeitsbeschaffung erlassen.[354] Allerdings wurden wegen der finanziellen Belastungen der Verwaltungskassen die ordentlichen Subventionsbeiträge rigoros gekürzt.[355] Im Kreisschreiben an die Kantonsregierungen betreffend die Bundessubventionen von 1932 erhoffte sich die Landesregierung noch, durch Ermahnung die Kantonsregierungen zu Einschränkungen in Bezug auf Subventionsbegehren anzuhalten.[356] Ebenfalls sah der BR zu dieser Zeit von einer Kürzung der Beiträge ab, erklärte aber, in Zukunft die gesetzlichen Vorschriften restriktiver auszulegen.[357] Nur ein Jahr später jedoch senkten die Bundesbehörden im Bundesbeschluss zur Wiederherstellung des Budgetgleichgewichtes alle Subventionen, ausgenommen diejenigen, welche verfassungsrechtlich oder vertraglich gebunden waren, um 20 %.[358] Mit derselben „Rasermähermethode“ erfolgten die Kürzungen im Finanzprogramm von 1936, wobei die Beiträge um 40 % herabgesetzt wurden.[359] Darüber hinaus bewilligten die Bundesbehörden beinahe ausschliesslich Aufforstungs- und Wegbauprojekte, „[…] bei deren Ausführung einerseits Arbeitslose in Industriegebieten, andererseits arme Bauern in Gebirgsgegenden Verdienst finden können.“[360] Erst unter dem Schlagwort der Landesverteidigung floss per Sonderkredit wieder mehr Bundesgeld in die Anlage neuer Wege, um im Bedarfsfall den Holzvorrat rasch nutzbar zu machen.[361] Auch der Kanton Bern erliess Sparmassnahmen: Einerseits kürzte der Grosse Rat des Kantons Bern [GR] 1933 den Beamten den Lohn um 7 %, andererseits reduzierte er

---

[354] Vgl. Verordnung Notstandarbeiten, 29.3.1932. In: GS 32 (1932): 34-36; Botschaft Arbeitsbeschaffung, 9.10.1934. In: BBl III (1934): 373-461.

[355] Die Möglichkeit angesichts des angespannten Bundesfinanzhaushaltes Subventionen zu kürzen, wurde bereits vor dem Ersten Weltkrieg diskutiert. Vgl. Schreiben des ständigen Komite (sic!) des SFV an das EDI, Lausanne 30.12.1910. BAR E 16 1000/40 413.

[356] Vgl. Kreisschreiben Subventionen, 3.8.1932. In: BBl II (1932): 376-377.

[357] Vgl. Kreisschreiben Subventionen, 3.8.1932. In: BBl II (1932): 377.

[358] Vgl. Botschaft Wiederherstellung des Budgetgleichgewichts, 2.9.1933. In: BBl II (1933): 289.

[359] Summermatter 2012: 296-277.

[360] Bericht Geschäftsführung 1933. In: GB 79 (1933): 250. In ähnlichem Wortlaut vgl. Bericht Geschäftsführung 1934. In: GB 80 (1934): 247; Bericht Geschäftsführung 1935. In: GB 81 (1935): 126; Bericht Geschäftsführung 1936. In: GB 82 (1936): 128.

[361] Vgl. Botschaft Arbeitslosigkeit, 7.6.1936. In: BBl III (1936): 903-904.

im Gesetz zur Wiederherstellung des finanziellen Gleichgewichts im Staatshaushalt den Personalbestand in der Forstverwaltung und die Anzahl der Forstkreise.[362]

Eine weitere Frucht der Weltwirtschaftskrise war der Diskurs der „Holzpropaganda“, welcher Anfang der 1930er-Jahre aufkam. Dieser wurzelte einerseits in der Erfahrung der Kohleimportengpässe während des Ersten Weltkrieges, andererseits in der sinkenden Nachfrage nach Holz und den abnehmenden Nettoerträgen durch die aktuelle Krise selbst.[363] Ersterer Umstand führte zu teils staatlich geförderten, teils privatwirtschaftlich initiierten Versuchen der Brennstoffgewinnung durch Holzvergasung und Holzverzuckerung.[364] Dem zweiten Umstand begegnete die Bundesverwaltung 1932 mit Einfuhrbeschränkungen von Holz.[365] Spätestens 1935 unternahm der BR einen Richtungswechsel und forderte in seinem Geschäftsbericht wissenschaftliche und praktische Studien zur Steigerung des Binnenholzverbrauches und erhob die Förderung des Holzverbrauches zu einer der „wichtigsten Aufgaben“ des Bundes.[366] Auch der bernischen Regierung war an einer Absatzförderung gelegen, weswegen sie 1932 verfügte, dass alle staatlichen Einrichtungen ihr benötigtes Brennholzquantum aus den Staatswaldungen zu beziehen hätten, und dass der Verbrauch von Bauholz staatlich zu subventionieren sei.[367] Neben der Förderung als Baumaterial stand aber auch die Verwendung von Holz beim Kochen

---

[362] Vgl. Dekret Herabsetzung der Besoldungen, 23.11.1933. In: GS 33 (1933): 126-127; Dekret Verlängerung Herabsetzung der Besoldungen, 19.11.1935. In: GS 35 (1935): 145; Dekret Verlängerung Herabsetzung der Besoldungen, 10.11.1937. In: GS 37 (1937): 145; Gesetz Wiederherstellung des finanziellen Gleichgewichts, 11.4.1937. In: GS 37 (1937): 30-37.

[363] Zur Holzwirtschaft vgl. Hürlimann: Holzwirtschaft (HLS); Bärtschi 2011: 88-107.

[364] Zu den privaten Initiativen zählten etwa die Firmen Gazogène Imbert S.A. in Neuenburg oder die Holzverzuckerung AG (Hovag) – heutige Ems-Chemie – in Zürich. Zu den öffentlichen Gesellschaften gehörte zum Beispiel die schweizerische Gesellschaft für das Studium der Motorbrennstoffe.

[365] Vgl. Bericht Geschäftsführung 1933. In: GB 79 (1933): 255.

[366] Bericht Geschäftsführung 1935. In: GB 81 (1935): 128. Die Arbeitsgemeinschaft Lignum, gegründet 1931 durch Vertreter der Holzindustrie, machte sich die Förderung des Holzabsatzes durch technische Dokumentation, Werbung und Öffentlichkeitsarbeit zur Aufgabe. Zur Geschichte der Lignum vgl. Tromp 1981.

[367] Vgl. Gnägi 1965: 24.

und Heizen im Fokus. Im Bericht über die Geschäftsführung des BR von 1937 ist etwa zu lesen:

„Die Erkenntnis, dass das Kochen und Heizen mit Holz in den neuen Feuerungseinrichtungen ebenso bequem, sauber und wirtschaftlich ist als mit anderen Brennstoffen, beginnt sich langsam im Volke durchzusetzen dank der wirksamen Aufklärungsarbeit der Beratungsstellen für Holzfeuerung in Zürich und Rolle."[368]

Nur ein Jahr später rückte der BR zumindest teilweise wieder von seinen Forderungen ab, unter dem Hinweis, dass Holz nicht der einzige Rohstoff der Schweiz sei und eine derartige Förderung bei den Vertretern anderer Baustoffe auf Widerstand stosse.[369]

5.2 Gantrischgebiet

5.2.1 Bewirtschaftungsgrundsätze und Wirtschaftsziele

Die Wirtschaftsziele der WP in der Zwischenkriegszeit waren geprägt durch den Diskurs der Wirtschaftlichkeit. Die Bewirtschaftung der Wälder sollte unter Wahrung der Produktionskraft des Bodens der nachhaltigen Erzielung der qualitativ und quantitativ grössten und wertvollsten Holzmasse sowie der Erziehung gemischter Bestände dienen.[370] Insbesondere in den WP der 1920er-Jahre war neben den Wirtschaftszielen häufig die Rede von einer rentablen Bewirtschaftung sowie der Rendite der Wälder.[371] Obgleich die Schutzfunktion nicht in die Wirtschaftsziele einbezogen wurde, wäre es falsch anzunehmen, dass sie im Vergleich zur früheren Periode keine Rolle mehr spielte. Vielmehr entsteht der Eindruck, dass sie bereits zum Zweck der Waldungen selbst erhoben worden war und durch die Wirtschaftsführung

---

368 Bericht Geschäftsführung 1937. In: GB 83 (1937): 125.

369 Bericht Geschäftsführung 1938. In: GB 84 (1938): 127.

370 Für die Waldungen der Burgergemeinde Guggisberg finden sich in den WPs keine explizit formulierten Wirtschaftsziele, dennoch waren die WPs von der Idee der Wirtschaftlichkeit geprägt. Für die anderen vgl. WP Rüschegg 1920. StAB BB VIa 1405: 11; WP Wattenwil 1921. StAB BB VIa 1430: 24; WP Staatswaldungen 1925. StAB BB VIa 1254: 33; 247; WP Rüschegg 1938. StAB BB VIa 1405: 55; WP Staatswaldungen 1935. StAB BB VIa 1267: 6.

371 Vgl. als Beispiel WP Guggisberg 1923. AWR S.N.: [7; 9; 13; 14].

erhalten werden sollte.[372] Oberförster Fankhauser verdeutlichte die Unterscheidung der Waldungen nach ihrem Zweck im WP der Staatswaldungen von 1935, als er von Wirtschaftswäldern und Aufforstungsgebieten sprach.[373] In Gebieten, in welchen die Waldungen Schutzfunktionen übernahmen, wurde wie in der vorangegangenen Periode der Plenterbetrieb angeordnet, da dieser für Schutzwaldungen „[…] die einzig richtige Betriebsart [...]" sei.[374] Darüber hinaus sollte durch eine natur- und standortgemässe, gesunde Bestockung die Schutzwirkung erhöht werden.[375] Forstingenieur Hirzel führte im WP Rüschegg von 1938 den Gedanken einer naturgemässen Bewirtschaftung in Bezug auf die Bestandesgründung weiter aus, indem er forderte, die Natur zu kopieren.[376] In den restlichen Waldungen, welche keine direkten Schutzfunktionen zu erfüllen hatten, wurde angesichts des Wirtschaftszieles der Femelschlag als zielführend beurteilt.[377] Auch betreffend die Holzartenwahl waren die Standortverhältnisse und der wirtschaftliche Nutzen die ausschlaggebenden Kriterien. Wie bereits in der vorangehenden Periode sollte der Hauptbestand weiterhin aus Nadelholz (Fichte, Weisstanne) mit Laubholzbeimischung (v.a. der

[372] Vgl. WP Guggisberg 1917. AWR S.N.: 28; WP Wattenwil 1921. StAB BB VIa 1430: 19; WP Staatswaldungen 1925. StAB BB VIa 1254: 247; WP Rüschegg 1928. StAB BB VIa 1405: 31.

[373] Vgl. WP Staatswaldungen 1935. StAB BB VIa 1267: 18-22.

[374] WP Guggisberg 1933. StAB BB VIa 1354: 18. Dieselbe Argumentation findet sich auch in anderen WPs vgl. dazu WP Wattenwil 1921. StAB BB VIa 1430: 19; WP Guggisberg 1933. StAB BB VIa 1354: 18; WP Staatswaldungen 1925. StAB BB VIa 1254: 247.

[375] Vgl. WP Guggisberg 1923. AWR S.N.: [2]; WP Staatswaldungen 1925. StAB BB VIa 1254: 247; WP Staatswaldungen 1935. StAB BB VIa 1267: 24.

[376] Hirzel verwies darauf, dass Anpflanzungen und Aufforstungen von bisher nicht bestocktem Boden nur gelingen können, wenn man zuerst einen natürlichen Vorbau anpflanzt. WP Rüschegg 1938. StAB BB VIa 1405: 11. Auch im WP der Staatswaldungen von 1935 sprach Oberförster Fankhauser davon, dass es die Aufgabe des Wirtschafters sei, für eine natürliche Entwicklung zu sorgen. WP Staatswaldungen 1935. StAB BB VIa 1267: 30.

[377] Zur Argumentation für den Femelschlag vgl. WP Rüschegg 1920. StAB BB VIa 1405: 12; WP Wattenwil 1921. StAB BB VIa 1430: 18; WP Staatswaldungen 1935. StAB BB VIa 1267: 33; WP Guggisberg 1933. StAB BB VIa 1354: 18.

Buche) bestehen.[378] Die Weisstanne wurde zwar für ihre Eigenschaften geschätzt, dennoch wurde die Fichte grösstenteils vorgezogen, da ihr Holz auf dem Markt begehrter war.[379] Durch den vorteilhaften Einfluss, welcher der Buche auf die natürliche Verjüngung der Fichte zugeschrieben wurde sowie ihres Holzes wegen sollte ihre Beimischung gefördert werden.[380] Da das Nadelholz bereits vorherrschend war, galt es für die Unterpflanzungen, in erster Linie Laubhölzer zu berücksichtigen. Die Forderung Hirzels betreffend die Waldungen der Burgergemeinde Rüschegg – Nadelholz könne freiwillig, Laubholz müsse obligatorisch eingepflanzt werden – kann als exemplarisch für das ganze Untersuchungsgebiet angesehen werden.[381]

Nebst Mitteln zur Erziehung gemischter Bestände wurde auch die Durchforstungsarbeit wirtschaftlich aufgeladen. Galt das Durchforsten vor dem Ersten Weltkrieg in erster Linie als waldpflegerischer Eingriff zur Sicherstellung der Schutzleistungen des Waldes, diente es zunehmend zur Heranzucht wertvoller Nutzhölzer.[382] Exemplarisch zeigt sich dies am WP Rüschegg von 1938, in welchem diesbezüglich auch eine planmässigere Herangehensweise gefordert wurde:

„Der erzieherische Eingriff, der allein den besten Erfolg erziehen kann, besteht eben nicht im Auslesen zwischen zwei, im Begünstigen des Schönern, sondern des Schönsten."[383]

Am Beispiel der Durchforstungstechnik zeigt sich, dass neue Erkenntnisse der Forstwissenschaft rasch in die Bewirtschaftung einflossen. 1934 veröffentlichte Walter Schädelin, damaliger Professor der

---

[378] Im WP der Staatswaldungen von 1925 sollte Nadelholz „seiner Massenproduktion und Nutzholzausbeute" wegen den Hauptbestand bilden. WP Staatswaldungen 1925. StAB BB VIa 1254: 28. Zu den anderen Waldungen vgl. WP Rüschegg 1928. StAB BB VIa 1405: 28-30; WP Wattenwil 1931. StAB BB VIa 1430: 8; WP Guggisberg 1933. StAB BB VIa 1354: 19.

[379] Vgl. WP Rüschegg 1928. StAB BB VIa 1405: 28; WP Staatswaldungen 1935. StAB BB VIa 1267: 31. Einzig in Teilen der Staatswaldungen sollte die Fichte zu Gunsten der Weisstanne zurückgedrängt werden. Vgl. WP Staatswaldungen 1925. StAB BB VIa 1254: 249.

[380] Vgl. WP Wattenwil 1921. StAB BB VIa 1430: 25; WP Rüschegg 1928. StAB BB VIa 1405: 5; WP Staatswaldungen 1935. StAB BB VIa 1267: 21.

[381] WP Rüschegg 1938. StAB BB VIa 1405: 61.

[382] Vgl. WP Wattenwil 1921. StAB BB VIa 1430: 25; WP Guggisberg 1923. AWR S.N.: [12]; WP Rüschegg 1928. StAB BB VIa 1405: 34.

[383] WP Rüschegg 1938. StAB BB VIa 1405: 57.

Forstwissenschaften an der ETH in Zürich, seine Studie zum Auslese- und Veredelungsbetrieb.[384] Bereits in dem im darauf folgenden Jahr erstellten WP für die Staatswaldungen wurde auf diese Durchforstungslehre referiert.[385] Auch in Bezug auf Ertragsfähigkeit, Samengewinnung und Aufforstungstechniken wurde immer wieder auf neue wissenschaftliche Erkenntnisse verwiesen.[386]

5.2.2 Aufforstungstätigkeit

Wie bereits in der vorangegangenen Periode war die Aufforstungstätigkeit in der Zwischenkriegszeit vor allem durch die Aufforstungen auf Staatsareal geprägt. In den Gemeindewaldungen wurden vor allem kleinere Streuflächen, Rutschungen und Unterpflanzungen getätigt. Gemessen an den Gemeindewaldungen fand in Wattenwil der zahlenmässig intensivste Kulturbetrieb statt.[387] In den Gemeindewaldungen Rüschegg dagegen wurde zwischen 1928 und 1938 von der projektierten Pflanzenzahl von 353‘400 tatsächlich nur 58‘600 Stück angepflanzt.[388] Bemerkenswert ist, dass diese Diskrepanz im WP zwar hervorgehoben, aber nicht begründet wurde.[389] Auf Staatsareal wurden zwischen 1915 und 1935 dagegen mindestens 27 Aufforstungsprojekte inklusive Nachtragsprojekte ausgeführt.[390] Die Aufforstungstätigkeit des Staates lässt sich in zwei Phasen einteilen. In der ersten Phase bis 1925 wurde vor allem in bestehenden Waldungen beziehungsweise in

---

[384] Vgl. Schädelin 1934. Zur Person vgl. Hürlimann: Schädelin (HLS).

[385] Vgl. WP Staatswaldungen 1935. StAB BB VIa 1267: 34. Im WP Rüschegg von 1938 wird die Kenntnis der Auslesedurchforstung beim höheren Forstpersonal bereits als bekannt vorausgesetzt. Vgl. WP Rüschegg 1938. StAB BB VIa 1405: 56.

[386] Vgl. WP Guggisberg 1933. StAB BB VIa 1354: 20; WP Rüschegg 1938. StAB BB VIa 1405: 21; 55; WP Staatswaldungen 1935. StAB BB VIa 1267: 32.

[387] In den Waldungen der Burgergemeinde wurde zwischen 1911 und 1931 ca. 456‘280 Bäume angepflanzt. Vgl. WP Wattenwil 1921. StAB BB VIa 1430: 27; WP Wattenwil 1931. StAB BB VIa 1430: 10.

[388] Vgl. WP Rüschegg 1938. StAB BB VIa 1405: 24. In der Gemeinde Guggisberg lagen die Zahlen im Schnitt bei ca. 70‘000 Pflanzen/10 Jahre. Vgl. dazu WP Guggisberg 1933. StAB BB VIa 1354: 9.

[389] Vgl. WP Rüschegg 1938. StAB BB VIa 1405: 24-25.

[390] Vgl. WP Staatswaldungen 1925. StAB BB VIa 1254: 14; 238; 338; WP Staatswaldungen 1935. StAB BB VIa 1267: 12. In der Zeit zwischen 1935 und 1947 wurde auf Staatsareal in elf Gebieten aufgeforstet. Vgl. WP Staatswaldungen 1947. AWR S.N.: 28.

bereits angekauften Gebieten aufgeforstet. Einzig die Schleifgrabenvorsass (Gauchheit) und der Trölivorsass (Süftenen) mit einer Fläche von 30 Hektaren wurden zu Aufforstungszwecken angekauft.[391] Dem Jahresbericht von 1924 ist zu entnehmen, dass aufgrund des Aufrufes des EDI vor allem Nachtragsprojekte angemeldet wurden.[392] In der zweiten Phase – zwischen 1925 und 1935 – erwarb der Kanton Bern mehrere Areale von insgesamt 230,36 Hektaren.[393] Darunter befand sich auch ein Gebiet von 22 Hektaren auf der Oberwirtneren, welches der Kanton 1935 durch Expropriation erhielt.[394] Es ist anzunehmen, dass es sich dabei um die Oberwirtnerenalp handelte, welche bereits in der vorangegangenen Periode im Rahmen der Gürbeverbauung aufgeforstet werden sollte und bei welcher bereits Nigst die Expropriation vorschlug.[395] Dahingegen konnte der Verbau des Marchgrabens auf dem Gebiet der Gemeinde Guggisberg nicht ausgeführt werden, solange die Landengratalp vom Besitzer nicht verkauft wurde.[396] Es wäre jedoch falsch, die Aufforstungstätigkeit in den Staatswaldungen in der ersten Phase dieser Periode geringer als in der zweiten einzuschätzen. Ein Blick auf die verwendete Pflanzenzahl zeigt, dass in der ersten Phase mit 2‘321‘782 gegenüber 903‘350 Pflanzen in der zweiten Pha-

---

[391] Die Käufe fanden zwischen 1916 und 1919 statt. Die Trölivorsass wurde jedoch erst ab 1933 aufgeforstet. Vgl. WP Staatswaldungen 1925. StAB BB VIa 1254: 332. Darüber hinaus wurde in folgenden, bereits bestehenden Gebieten aufgeforstet (in alphabetischer Reihenfolge): Bütschelegg, Einberg, Giebelegg, Grönegg, Gurnigelgrat, Gurnigel Märitmatte, Gurnigel Kaltenbach, Gurnigel Seligraben, Gurnigel Tiefengraben, Harris, Kohlholz, Längeney, Rain, Rossboden, Schöneboden, Steckhütten, Than, Thurnenholz. Vgl. WP Staatswaldungen 1925. StAB BB VIa 1254: 14; 238; 338.

[392] Vgl. Jahresbericht des Kreisforstamtes VII von 1924, Kehrsatz 19.1.1925. StAB BB 11.2.392.

[393] Vgl. WP Staatswaldungen 1935. StAB BB VIa 1267: 7.

[394] Vgl. WP Staatswaldungen 1935. StAB BB VIa 1267: 7.

[395] Der Alpbesitzer wehrte sich gegen die Aufforstung, da er die Alp als Viehweide benutzte. Noch 1916 schlug der Forstdirektor Moser vor, mit der Expropriation bis nach dem Ende des Krieges zuzuwarten. Vgl. Schreiben des Forstdirektors Moser an die Baudirektion des Kantons Bern, Bern 12.12.1916. StAB BB 11.2.389.

[396] Nigst vermutete, dass die Besitzer aufgrund von Bodenpreisspekulationen nicht verkaufen wollten. Um dagegen vorzugehen, sollte der Kanton den Expropriationsweg beschreiten. Vgl. Jahresbericht des Kreisforstamtes VII von 1922, Kehrsatz 14.2.1923. StAB BB 11.2.392; WP Staatswaldungen 1925. StAB BB VIa 1254: 252.

se stückzahlmässig deutlich mehr aufgeforstet wurde.[397] Als eine Art „Schicksalprojekt" für die weitere Aufforstungstätigkeit im Gantrischgebiet kann der Ankauf der Schwirrenalp auf dem Gebiet der Gemeinde Rüschegg in den Jahren 1933-1934 angesehen werden. Dieser wurde gegen den Widerstand der ortsansässigen Bevölkerung und der Grossräte des Wahlkreises mit knapper Mehrheit im GR beschlossen.[398] Der Forstdirektor Stähli liess folgend verlauten, dass der Ankauf der Schwirrenalp als „Schlussstein der Ankaufspolitik" zu betrachten sei und informierte Kreisförster Aerni bei dessen Amtsantritt 1936, dass vorläufig kein Terrain zu Aufforstungszwecken angekauft werden könne.[399] Dieser Richtungswechsel hatte bereits im selben Jahr Folgen. Am 10. Mai 1936 traf das Hochwasser des Schwarzwassers die Gemeinde Rüschegg „katastrophal".[400] Deshalb forderte sie die Sanierung des Oberlaufs des Schwarzwassers durch ein Aufforstungs- und Verbauungsprojekt, wozu der Ankauf dreier Grundstücke nötig wurde. Aufgrund der neuen Aufforstungspolitik des Kantons musste nun aber die Gemeinde Rüschegg als Bauherrin auftreten und die Kaufunterhandlungen führen.[401] Dem forstlichen Mitbericht von 1940 ist allerdings zu entnehmen, dass die Gemeinde Rüschegg zwar aus Gründen der Arbeitsbeschaffung auf die Verbauung drängte, aber kei-

---

[397] Zu der Anzahl für die erste Periode vgl. WP Staatswaldungen 1925. StAB BB VIa 1254: 14; 238; 338. Zu der Anzahl für die zweite Periode vgl. WP Staatswaldungen 1935. StAB BB VIa 1267: 14. Selbst wenn trotz anderslautender Indikation in die Zahlen im WP 1925 auch die Pflanzen der ordentlichen Kulturen eingerechnet sind, ergibt sich dennoch eine Differenz von 500000 Pflanzen, da zwischen 1925 und 1935 insgesamt 1798600 Bäume aufgeforstet wurden. Vgl. WP Staatswaldungen 1935. StAB BB VIa 1267: 14.

[398] Zum Projekt Schwirrenalp konnten zwar keine Akten gefunden werden, allerdings wird auf dieses in den Verhandlungen des Verbauungsprojekts Schwarzwasser III erwähnt. Vgl. Protokoll der Konferenz vom 12.1.1939. BB StAB 11.2.392.

[399] Schreiben des Kreisförsters [Aerni] an den Forstmeister Dasen, [1938]. BB StAB BB 11.2.392. Im Protokoll der Konferenz vom 12.1.1939 heisst es auch: „Die Regierung wünsche heute kein Land mehr zu erwerben, sofern Widerstand bei der mit dem Landerwerb selbst interessierten Bevölkerung zu erwarten sei." Aus: Protokoll der Konferenz vom 12.1.1939. BB StAB 11.2.392.

[400] Protokoll der Konferenz vom 12.1.1939. BB StAB 11.2.392.

[401] Vgl. Protokoll der Konferenz vom 12.1.1939. BB StAB 11.2.392; Schreiben des Kreisförsters [Aerni] an den Forstmeister Dasen, [1938]. BB StAB BB 11.2.392.

ne Kaufverträge vorlegen konnte.[402] Daraus schloss Kreisoberförster Aerni, dass die Gemeinde Rüschegg kein wirkliches Interesse an den Aufforstungen habe und das Projekt wurde zumindest vorerst nicht ausgeführt.[403]

Bei den mit den Aufforstungen einhergehenden Entwässerungsarbeiten zeigt sich für die Periode zwischen 1918 bis 1938 ein differenziertes Bild. Im Gebiet der Burgergemeinde Rüschegg lag die Anlage neuer Gräben über die ganze Zeitspanne weit über der projektierten Anzahl.[404] In den Waldungen der Burgergemeinden Wattenwil und Guggisberg wurden die Vorgaben hinsichtlich der Anlage von Entwässerungsgräben erst ab 1921 respektive 1923 erfüllt.[405] In den Staatswaldungen hingegen wurden zwischen 1915 und 1925 aufgrund der Wiederaufforstung von Sturm- und Schneelücken weniger Gräben angelegt als vorgeschlagen war.[406] Während die Entwässerungen bis 1925 infolge Arbeitermangels zurückblieben, konnten in der Periode bis 1935 wegen fehlenden Krediten nicht alle Arbeiten ausgeführt werden.[407] Der Kreditmangel zeigte sich beim Unterhalt der Entwässerungsgräben besonders deutlich. Im WP der Staatswaldungen von 1935 beurteilte Kreisoberförster Fankhauser den Unterhalt als rückständig und ordnete an, diesen im Zweifelsfall auf Kosten der Kulturen zu tätigen.[408] Nebst Entwässerungsgräben, welche in passender Richtung bei hinreichender Tiefe und nicht zu steil angelegt sein sollten, wurden zur Beruhigung von Rutschungen neu auch sogenannte Sic-

---

[402] Forstlicher Mitbericht des Kreisförsters Aerni zum Projekt für die Verbauung des Schwarzwassers, Riggisberg 23.1.1940. StAB BB 11.2.392.

[403] Vgl. Forstlicher Mitbericht des Kreisförsters Aerni zum Projekt für die Verbauung des Schwarzwassers, Riggisberg 23.1.1940. StAB BB 11.2.392.

[404] Zwischen 1928 und 1938 wurde das Fünffache angelegt. Vgl. WP Rüschegg 1920. StAB BB VIa 1405: 8; WP Rüschegg 1928. StAB BB VIa 1405: 11; WP Rüschegg 1938. StAB BB VIa 1405: 25.

[405] Für Guggisberg vgl. WP Guggisberg 1923. AWR S.N.: [6]; WP Guggisberg 1933. StAB BB VIa 1354: 10. Für Wattenwil vgl. WP Wattenwil 1921. StAB BB VIa 1430: 12; WP Wattenwil 1931. StAB BB VIa 1430: 4.

[406] Vgl. WP Staatswaldungen 1925. StAB BB VIa 1254: 12.

[407] Vgl. WP Staatswaldungen 1925. StAB BB VIa 1254: 337; WP Staatswaldungen 1935. StAB BB VIa 1267: 11.

[408] Vgl. WP Staatswaldungen 1935. StAB BB VIa 1267: 35. Zu Unterhaltsproblemen vgl. auch WP Rüschegg 1938. StAB BB VIa 1405: 25.

kerdolen angelegt.[409] Allerdings glaubte Kreisoberförster Fankhauser 1930 die Ursache der Rutschungen im Einberg in den Sickerdolen gefunden zu haben, worauf hin diese durch offene Gräben ersetzt werden sollten.[410] In seinem Bericht zu den Aufforstungs-, Verbauungs- und Wegprojekten von 1932 riet Fankhauser, die Sickerdolen künftig nur noch in kleineren Gebieten, welche nicht in Bewegung seien, anzuwenden.[411]

Über die Begründung der Aufforstungsprojekte können aufgrund der Quellenlage nur indirekte Angaben gemacht werden. Die folgende Aussage von Nigst, welche sich im WP der Staatswaldungen von 1925 findet, erlaubt zumindest die Vermutung, dass der grösste Vorteil der Aufforstungen noch immer im Einfluss auf das Wasserregime gesehen wurde:

„Es ist um so eher auf [sic!] eine endgültige Stabilisierung der Hänge zu rechnen, als die Wildbäche infolge der Aufforstung grosser Teile ihrer Einzugsgebiete bedeutend weniger Wasser- und Geschiebemassen führen als dies früher der Fall war und die erodierende Wirkung daher geringer ist.“[412]

Die Holzartenwahl betreffend kritisierte Nigst zumindest in den frühen 1920er-Jahren die Vorschriften der Bundesbehörden, welche nicht immer zum Wohl des Waldes seien.[413] Insbesondere die Zurückdrängung der standortgemässen und rentablen Fichte empfand Nigst als ungünstig.[414] Die Weymuthskiefer war bei den Forstwissenschaftlern im Allgemeinen in Ungnade gefallen. Im WP Rüschegg von 1920 wurde die Verdrängung der Weymuthskiefer zwar noch als unrichtig

---

409 WP Guggisberg 1923. AWR S.N.: [23]; WP Staatswaldungen 1925. StAB BB VIa 1254: 337; 352. Zum System der Sickerdolen vgl. Mohr 2009.

410 Vgl. Schreiben des Oberförsters Fankhauser an die Forstdirektion betreffend das Entwässerungs- und Aufforstungsprojekt Einbergalp, Kehrsatz 8.9.1930. AWR S.N. [Aktenbestand Friedrich Nigst Divers].

411 Vgl. Bericht von Oberförster Franz Fankhauser über den Zustand der abgeschlossenen Aufforstungs-und Verbauungs- und Wegprojekte im VII. Forstkreis von 1932. AWR S.N. [Rückblicke]: 1.

412 WP Staatswaldungen 1925. StAB BB VIa 1254: 18.

413 Vgl. Jahresbericht des Kreisforstamtes VII von 1921, Kehrsatz 9.2.1922. StAB BB 11.2.392.

414 Vgl. Jahresbericht des Kreisforstamtes VII von 1922, Kehrsatz 9.2.1923. StAB BB 11.2.392.

eingestuft.[415] Aber bereits im WP der Staatswaldungen von 1925 beschien ihr Nigst keine Zukunft, da ihr der Boden nicht entspräche und sie oft vom Blasenrost befallen sei.[416] Daher sei von einer zukünftigen Verwendung abzusehen.[417] Diesem Urteil wurde folgend in allen WP des Gantrischgebietes zugestimmt.[418] Aufgrund schlechter Erfahrungen wurde ebenfalls die Pflanzung von Arven unterlassen.[419] Die Buche fand zwar entgegen den Forderungen in den WP in den Gemeindewaldungen zu Beginn noch kaum Berücksichtigung.[420] Anschliessend wurden jedoch Buchenanpflanzungen in der Region, ausgenommen in den Burgerwaldungen von Rüschegg, stark gefördert.[421] Neben der Buche kamen auch weitere Laubhölzer wie die Weisserle, die Alpenerle und der Vogelbeerbaum zur vermehrten Anwendung in Aufforstungen.[422] Forstadjunkt Fischer kam im WP Guggisberg von 1933 dennoch zu einem ernüchternden Urteil: Trotz 20 Jahren planmässiger Begünstigung der Buche und der Weisstanne sei keine Veränderung in der Zusammensetzung der Bestände feststellbar.[423] Allgemein lässt sich in der Beschreibung der Holzartenwahl eine stärkere Betonung des „Standortgemässen" und „natürlich Vorkommenden" feststellen.[424] So wurde auch die Holzartenwahl früherer Zeiten dahingehend kritisiert, dass standortfremde Holzarten eingebracht worden wa-

---

[415] Vgl. WP Rüschegg 1920. StAB BB VIa 1405: 7.
[416] Vgl. WP Staatswaldungen 1925. StAB BB VIa 1254: 15; 245; 350.
[417] Vgl. WP Staatswaldungen 1925. StAB BB VIa 1254: 15; 245; 350.
[418] WP Rüschegg 1928. StAB BB VIa 1405: 10; WP Wattenwil 1931. StAB BB VIa 1430: 6; WP Guggisberg 1933. StAB BB VIa 1354: 10.
[419] Vgl. WP Staatswaldungen 1925. StAB BB VIa 1254: 245; 350; Zur Beurteilung der Holzarten vgl. auch Bericht von Oberförster Franz Fankhauser über den Zustand der abgeschlossenen Aufforstungs-, Verbauungs- und Wegprojekte im VII. Forstkreis von 1932. AWR. S.N. [Rückblicke]: 1.
[420] Vgl. WP Rüschegg 1920. StAB BB VIa 1405: 7; WP Guggisberg 1923. AWR S.N.: [5]. In den Gemeindewaldungen von Wattenwil wurden zwar viele Buchen gepflanzt, dennoch lagen sie verhältnissmässig weit hinter den Fichten und Weisstannen zurück. Vgl. WP Wattenwil 1921. StAB BB VIa 1430: 18.
[421] Vgl. WP Rüschegg 1928. StAB BB VIa 1405: 10; WP Guggisberg 1933. StAB BB VIa 1354: 3; WP Staatswaldungen 1935. StAB BB VIa 1267: 32.
[422] Vgl. WP Staatswaldungen 1935. StAB BB VIa 1267: 32; WP Rüschegg 1938. StAB BB VIa 1405: 61.
[423] WP Guggisberg 1933. StAB BB VIa 1354: 14.
[424] Vgl. WP Wattenwil 1931. StAB BB VIa 1430:10-11; WP Guggisberg 1933. StAB BB VIa 1354: 2-3; WP Staatswaldungen 1935. StAB BB VIa 1267: 32.

ren.[425] Am Projekt der Ober-Nünenen zeigte sich jedoch auch, dass trotz des Willens, nur standortgemässe Pflanzen einzubringen, dies aufgrund fehlenden Pflanzenmaterials nicht immer möglich war.[426]

5.2.3 Wegbau

Wie bereits gegen Ende der letzten Periode war sich das Forstpersonal einig, dass nur rationell zugängliche Waldungen intensiv bewirtschaftet werden konnten.[427] Dennoch wurden die diesbezüglichen Vorgaben in den Burgerwaldungen Guggisberg und Rüschegg massiv unterschritten.[428] Und auch in den Waldungen der Burgergemeinde Wattenwil konnten in den 1920er-Jahren nur gerade die Hälfte der projektieren Wege angelegt werden.[429] Für diese Unterschreitung der Vorgaben machten die Forstingenieure die schwierige finanzielle Lage verantwortlich, wobei sie gleichzeitig darauf hinwiesen, dass durch bessere Wege auch ein höherer Holzerlös zu erzielen sei.[430] Nigst glaubte zudem, dass in den Gemeinden eine Ablehnung gegen die Ausführung von Wegbauprojekten mit Bundesgeldern herrsche, da die Bundesbehörden strikte Vorschriften machten.[431] In den Staatswaldungen dagegen wurde die Projektanzahl gar übertroffen.[432] Nigst hob die Bundessubventionen hervor, welche die Anlagen erst ermöglichten.[433] Das Kreisforstamt VII und somit die Staatswaldungen erhielten allerdings auch Subventionen im Rahmen der Notstandsarbeiten in der Krise der

---

[425] Vgl. WP Rüschegg 1938. StAB BB VIa 1405: 9-11.

[426] Vgl. Technischer Bericht des Oberförsters Fankhauser zum Aufforstungsprojekt Ober-Nünenen, Kehrsatz 17.2.1936. StAB BB 11.1.23.

[427] Vgl. WP Guggisberg 1923. AWR S.N.: [13]; WP Staatswaldungen 1925. StAB BB VIa 1254: 24.

[428] In den Waldungen der Gemeinde Guggisberg wurde gerade einmal ein Siebtel und in denjenigen der Gemeinde Rüschegg nu die Hälfte der Wege angelegt. Vgl. WP Guggisberg 1917. AWR S.N.: 22; WP Rüschegg 1920. StAB BB VIa 1405: 8; WP Rüschegg 1928. StAB BB VIa 1405: 11; WP Rüschegg 1938. StAB BB VIa 1405: 25.

[429] Vgl. WP Wattenwil 1931. StAB BB VIa 1430: 5.

[430] Vgl. WP Guggisberg 1917. AWR S.N.: 22; WP Rüschegg 1928. StAB BB VIa 1405: 11; 35-36; WP Wattenwil 1931. StAB BB VIa 1430: 5.

[431] Vgl. Jahresbericht des Kreisforstamtes VII von 1924, Kehrsatz 29.1.1925. StAB BB 11.2.392.

[432] Vgl. Vgl. WP Staatswaldungen 1925. StAB BB VIa 1254: 25; 239; 354.

[433] Vgl. WP Staatswaldungen 1925. StAB BB VIa 1254: 25; 239; 354.

1920er-Jahre.[434] Es ist zu vermuten, dass diese Subventionen den entscheidenden Unterschied in der Zielerreichung ausmachten. In der Zeit zwischen 1925 und 1935 mangelte es allerdings auch in den Staatswaldungen an Geld, weswegen auch hier die projektierten Wegbauten nicht ausgeführt werden konnten.[435] Kreisoberförster Fankhauser bemängelte auch, dass im Vergleich zur Waldfläche dem Forstkreis VII am wenigsten Geldmittel zur Verfügung stünden und äusserte den Wunsch, die Kredite künftig zu erhöhen.[436] Dies sei umso wichtiger, da die grossen Aufforstungsflächen durchgeforstet werden sollten.[437]

5.2.4 Organische und anorganische Schäden

Die Klagen über den Verbiss durch Wild und Ziegen machten den grössten Teil der Klagen betreffend die organischen Schäden aus. Die Ziegenweide sei zwar zurückgegangen, aber noch nicht ganz verschwunden.[438] Insbesondere die Waldungen der Burgergemeinde Rüschegg sowie die Staatswaldungen litten unter den Frassbeschädigungen.[439] Aufgrund derer riet Nigst 1925 von der Unterpflanzung mit Weisstannen ab.[440] Fankhauser relativierte diese Vorschrift 1935, indem die Weisstanne sowie auch die Buche künftig zumindest an gewissen Standorten angebaut werden sollten.[441] Unter Pilzbefall litten laut den WP ausschliesslich die reinen Fichtenbestände in den Aufforstungen der Staatswaldungen. Der Alpenrosenpilz hatte sich bis 1935 dermassen ausgebreitet, dass Oberförster Fankhauser diesen als besorgniserregend einstufte.[442] Der ansonsten geringe Pilz- und Insek-

---

[434] Vgl. Protokoll der Sitzung des RR, Bern 11.1.1922. StAB BB 11.2.389; Protokoll der Sitzung des RR, Bern 1.6.1923. StAB BB 11.2.389.

[435] WP Staatswaldungen 1935. StAB BB VIa 1267: 14.

[436] Vgl. WP Staatswaldungen 1935. StAB BB VIa 1267: 15.

[437] Vgl. WP Staatswaldungen 1935. StAB BB VIa 1267: 46.

[438] Vgl. WP Staatswaldungen 1925. StAB BB VIa 1254: 241.

[439] Forstadjunkt Möri relativierte allerdings im WP Rüschegg von 1928 die Aufforderung von 1911, welche einen radikalen Abschuss des Wildes forderte. Vgl. WP Rüschegg 1928. StAB BB VIa 1405: 12; WP Staatswaldungen 1935. StAB BB VIa 1267: 15.

[440] Vgl. WP Staatswaldungen 1925. StAB BB VIa 1254: 241.

[441] Vgl. WP Staatswaldungen 1935. StAB BB VIa 1267: 15.

[442] Vgl. WP Staatswaldungen 1935. StAB BB VIa 1267: 15. Zu der Ausbreitung vor 1925 vgl. WP Staatswaldungen 1925. StAB BB VIa 1254: 341.

tenbefall wurde unter anderem auf die gemischten Bestände zurückgeführt.[443] Dagegen wurde der Waldbrand in den Staatswaldungen als Beweis für die Anfälligkeit der „naturwidrigen" reinen Nadelholzbestände genommen.[444]

Die anorganischen Schäden betreffend kam es, wie bereits in der vorangegangenen Periode, vor allem zu Sturm- und Schneedruckschäden in den Aufforstungen.[445] Die diesbezüglichen Schadensjahre fielen in die frühen zwanziger (1919-1923) sowie in die frühen dreissiger Jahre (1931-1936).[446] Namentlich der Winter 1935/1936 führte in Gebieten der Burgerwaldungen Rüschegg und der Staatswaldungen zu grossen Schäden.[447] Infolgedessen bestand etwa in Rüschegg 95 % der Nutzung aus diesem Schadensholz.[448] Und Kreisoberförster Fankhauser resümierte:

„Die Anzeichen mehren sich und die Erfahrungen des Winters 1934/1935 beweisen, dass selbst 20 und 30 und mehrjährige Aufforstungen, – auf exponierten Standorten sogar natürliche Verjüngungen – den extremen Standortseinflüssen zu unterliegen drohen."[449]

Die Waldungen der Burgergemeinde Wattenwil litten vor allem unter anhaltenden Rutschungen.[450] 1920 verursachten grosse Schmelzwassermengen einen Erdrutsch auf der Länge von 1000 und einer Breite von 400 Metern im Gebiet des Tiefengrabens.[451] Im März 1922 führte eine weitere Rutschbewegung in demselben Gebiet zur teilweisen Zerstörung der im Jahr davor angebrachten Grabenverbau-

---

443 Vgl. WP Staatswaldungen 1925. StAB BB VIa 1254: 17.

444 Über die Brandursache wurde nichts erwähnt. Vgl. WP Staatswaldungen 1935. StAB BB VIa 1267: 16.

445 Vgl. WP Rüschegg 1920. StAB BB VIa 1405: 4; WP Wattenwil 1921. StAB BB VIa 1430: 21; WP Guggisberg 1923. AWR S.N.: [3]; WP Staatswaldungen 1925. StAB BB VIa 1254: 17.

446 Vgl. WP Guggisberg 1933. StAB BB VIa 1354: 12; WP Staatswaldungen 1947. AWR S.N.: 24-25.

447 Am 1.12.1935 warf ein Sturmwind in den Staatswäldern Windfallholz von rund 1000 m^3 und in den Waldungen von Rüschegg rund 1900m^3. Weitere Schäden entstanden durch Schneedruck Anfang des Jahres 1936. Vgl. WP Rüschegg 1938. StAB BB VIa 1405: 26; WP Staatswaldungen 1947. AWR S.N.: 24.

448 Vgl. WP Rüschegg 1938. StAB BB VIa 1405: 26.

449 WP Staatswaldungen 1935. StAB BB VIa 1267: 32.

450 Vgl. WP Wattenwil 1931. StAB BB VIa 1430: 3.

451 Vgl. WP Wattenwil 1921. StAB BB VIa 1430: 25.

ungen.[452] Die Jahresberichte von 1921 und 1924 erzählten zudem von verschiedenen Hagelgewittern, welche grosse Zerstörungen mit sich brachten.[453] Im WP der Staatswaldungen von 1947 wurde weiter das Hochwasser der Gürbe und ihrer Seitenbäche erwähnt, welches Verheerungen in Wattenwil anrichtete.[454] Das Hochwasser von 1927 sowie das Unwetter von 1929, welches Schäden an den Verbauungen der Gürbe verursachte, wurden jedoch nicht erwähnt.[455] In den 1930er-Jahren führte auch das Schwarzwasser zweimal Hochwasser – einmal am 10. Mai 1936 und einmal am 12./13. Juli 1938 –, wobei die Rütiplötschbrücke und die Heubachstrasse weggerissen wurden.[456] Das Hochwasser von 1936 hatte für die Waldbewirtschaftung insofern Folgen, als dadurch ein Aufforstungsprojekt angestrebt wurde.[457]

5.2.5 Rückblick: Zeitgenössische Einschätzung der Bewirtschaftungsverhältnisse

Betrachtet man die Holznutzung im Gantrischgebiet während der Zwischenkriegszeit fällt auf, dass die Nutzungsquanten in der Regel nicht genutzt wurden. In den WP wurde diese Unternutzung auf die niedrigen Holzpreise und die als schwierig empfundenen Absatzverhältnisse zurückgeführt.[458] Kreisförster Nigst verwies auf den Holzimport, den ebenfalls niedrigen Kohlepreis und die zunehmende Elektrifizierung insbesondere zu Kochzwecken, welche die Lage auf dem Holzmarkt verschärften.[459] In den Staatswäldern wurden ganze Jahresschläge wegen der zu erwartenden schlechten Erlöse zurückgestellt.[460] Diese Einsparungen wirkten sich folglich ungünstig aus, da das Altholz un-

---

[452] Vgl. WP Wattenwil 1921. StAB BB VIa 1430: 25.
[453] Vgl. Jahresbericht des Kreisforstamtes VII von 1921, Kehrsatz 9.2.1922. StAB BB 11.2.392; Jahresbericht des Kreisforstamtes VII von 1924, Kehrsatz 29.11.1925. StAB BB 11.2.392.
[454] Vgl. WP Staatswaldungen 1947. AWR S.N.: 25.
[455] Vgl. Berner 1990: 13; Leuenberger 1935: 42.
[456] Vgl. WP Staatswaldungen 1947. AWR S.N.: 25.
[457] Vgl. Kapitel 5.2.2.
[458] Vgl. WP Staatswaldungen 1935. StAB BB VIa 1267: 18; WP Rüschegg 1938. StAB BB VIa 1405: 16.
[459] Vgl. WP Staatswaldungen 1925. StAB BB VIa 1254: 239.
[460] Vgl. WP Staatswaldungen 1935. StAB BB VIa 1267: 16.

brauchbar wurde und zudem die Jungwüchse niederhielt.[461] Zu Übernutzungen kam es nur durch Zwangsnutzungen. Insbesondere das Windfall- und Schneedruckholz führte in den Wäldern von Guggisberg und Rüschegg zu Mehrnutzungen.[462] Aufgrund der schlechten Erlöse blieben die Reinigungshiebe und Durchforstungen in allen Waldungen ebenfalls stark zurück.[463] In Bezug auf die Nutzung und waldpflegerischen Eingriffe wurden auch die fehlenden Wege bemängelt.[464] Diese wiederum waren wegen der schwierigen finanziellen Lage nicht angelegt worden, vor allem da steigende Löhne die Kosten erhöhten.[465]

5.3 Synthese

Sowohl die Politik des Bundes und des Kantons Bern als auch die Bewirtschaftung der Wälder im Gantrischgebiet standen unter dem Diskurs der Wirtschaftlichkeit. Ganz im Sinne der Kielwassertheorie forderten die WP eine rentable Wirtschaft, um so die Schutzleistungen zu fördern. Auch die waldpflegerischen Eingriffe wurden wirtschaftlich aufgeladen. So sollten diese nicht mehr nur der Förderung gesunder Bestände, sondern der Erziehung von wertvollem Holz dienen. Die Bewirtschaftung der untersuchten Waldungen litt jedoch stark unter den wirtschaftlichen Verhältnissen. Die Holzimporte auf der einen Seite und die abnehmende Nachfrage aufgrund der niedrigen Kohlepreise und der zunehmenden Elektrifizierung auf der anderen Seite drückten auf den Holzpreis. Dieser Umstand führte dazu, dass das Holzquantum nicht wie vorgeschrieben genutzt wurde, es sei denn, Naturereignisse forderten Zwangsnutzungen. Auch die waldbaulichen Massnahmen wurden gemessen an den Vorschriften der WP wegen den niedrigen Erlösen und den fehlenden finanziellen Mitteln nur ungenügend durchgeführt. Die gekürzten Kredite machten sich vor allem

---

[461] Vgl. WP Staatswaldungen 1947. AWR S.N.: 19.

[462] Vgl. WP Guggisberg 1933. StAB BB VIa 1354: 11-12; WP Rüschegg 1938. StAB BB VIa 1405: 16.

[463] Vgl. WP Rüschegg 1928. StAB BB VIa 1405: 11; WP Wattenwil 1931. StAB BB VIa 1430; 12; WP Staatswaldungen 1935. StAB BB VIa 1267: 15-16; WP Guggisberg 1949. StAB BB 11.2.35: 5.

[464] Vgl. WP Rüschegg 1928. StAB BB VIa 1405: 14; WP Staatswaldungen 1935. StAB BB VIa 1267: 15-16.

[465] Vgl. Kapitel 5.2.3.

in den 1930er-Jahren bemerkbar und zeigten die direkte Abhängigkeit des Gebietes von Subventionen. Einzig auf Staatsareal konnte zumindest in der Nachkriegskrise von den Notstandsarbeiten profitiert werden.

Auch die Aufforstungstätigkeit wurde, im Gegensatz zur vorangegangenen Periode, dem Kosten-Nutzen-Verhältnis unterworfen. Aufgrund der Sparmassnahmen des Bundes wurden vor allem in der ersten Hälfte der Periode weniger Gesuche um Subventionen eingereicht. Wie bereits vor dem Ersten Weltkrieg wurde hauptsächlich auf Staatsareal aufgeforstet. Der Widerstand gegen die staatlichen Eingriffe bestand jedoch noch immer. Die an sich verbotene Ziegenweide war zwar zurückgegangen, aber noch immer vorhanden. Noch immer konnten gewisse Aufforstungs- und Verbauungsprojekte nicht durchgeführt werden, weil die Bodenbesitzer sich dem Verkauf von Land verweigerten. Der Fall der Oberwirtneren zeigt, dass die staatlichen Behörden nun aber auch zum Mittel der Expropriation griffen. Als folgenschwer entpuppte sich der Widerstand der ortsansässigen Bevölkerung im Fall der Schwirrenalp. Infolge der Schwierigkeiten sistierten die bernischen Behörden ihre Ankaufpolitik im Gantrischgebiet.

Der Diskurs des Naturgemässen prägte insbesondere die Holzartenwahl. Nicht standortgemässe Nadelhölzer wie die Weymuthkiefer oder die Arve wurden infolge neuer Erkenntnisse und aufgrund der gemachten Erfahrungen nicht mehr angepflanzt. Dahingegen forderte das Forstpersonal in den WP die Förderung von Laubhölzern. Neben der Buche sollten Schutzhölzer wie die Alpenerle und der Vogelbeerbaum begünstigt werden. Das gewünschte Pflanzenmaterial konnte jedoch nicht immer besorgt werden. Die heimische Weisstanne wiederrum litt derart stark unter Wildverbiss, dass sie deshalb weniger eingebracht werden sollte. Die Kritik an der Holzartenwahl versiegte nach 1925. Daher liegt die Vermutung nahe, dass diese vor allem mit der Person von Kreisförster Nigst verknüpft war.

6. ANFÄNGE EINES NEUEN PARADIGMAS (1945-1973)

6.1 Der Ausbau der Waldfunktionen

Bis zum Beginn der 1960er-Jahre profitierte die Holzwirtschaft in der Schweiz namentlich vom Aufschwung in der Bauindustrie. Per Bundesbeschluss wurde 1946 ein nationaler Fonds zur Förderung der Wald- und Holzforschung geschaffen mit dem Ziel, die rationelle Gewinnung und Verwertung des Rohstoffes Holz zu fördern.[466] Unter dem Eindruck steigender Nachfrage nach Nutzholz und geringer Importzahlen wiederholte der BR in seinem Bericht von 1956 die Aufforderung, die Holzerzeugung in der Schweiz zu steigern.[467] In dem im Jahr darauf in der SZF publizierten Artikel sprach Hans Leibundgut, Professor für Waldbau an der ETH, sogar von einem Holzmangel.[468] Diesen führte Leibundgut auf den Umstand zurück, dass 40 % der gesamtschweizerischen Holzerzeugung auf die Waldfläche im Schweizer Mittelland entfiel, jedoch vornehmlich diese Fläche aufgrund des Siedlungsdruckes gerodet wurde, während die Ersatzaufforstungen in die Voralpen- und Alpenregionen verlegt wurden.[469] Daraus leitete er die Forderung nach einer Walderhaltungspolitik ab, welche auch die regionale Verteilung der Waldfläche gewährleiste.[470] Diese Forderung ist auch im Zusammenhang mit der Akzentuierung der Wohlfahrtswirkung und der Ausdehnung des Begriffs der Schutzfunktion zu verstehen. Die Wohlfahrtsfunktion des Waldes war an sich kein neues Phänomen, bereits Landolt hatte in seinem Bericht 1862 auf die Schönheit der Landschaft verwiesen und 1907 wurde die öffentliche Zugänglichkeit der Wälder im Zivilgesetzbuch verankert.[471] Seit den 1950er-

---

[466] Ebenfalls zu forstlichen Aufklärungszwecken wurden 1956 die Schweizerische Wald- und Holztagung und 1959 der „Tag des Baumes und des Waldes" durchgeführt. Vgl. Bericht Geschäftsführung 1946. In: GB 92 (1946): 195; Gnägi 1965: 56-57.

[467] Vgl. Bericht Geschäftsführung 1956. In: GB 102 (1956): 230.

[468] Vgl. Leibundgut 1957: 26. Zur Person vgl. Hürlimann: Leibundgut (HLS).

[469] Leibundgut 1957: 26.

[470] Das FPoG von 1902 sah die Erhaltung des Waldbestandes insgesamt, nicht aber die regionale Verteilung vor. Vgl. Leibundgut 1957: 26.

[471] Vgl. Landolt 1862: 286-298; Leibundgut 1957: 27; Bisang 2001: 157.

Jahren wurde jedoch der Wald als Ort der Erholung durch den Freizeit- und Tourismusdiskurs wiederentdeckt.[472] Die technische und demographische Entwicklung führte aber auch zu einer veränderten Wahrnehmung bezüglich der Waldwirkung. Namentlich der luft- und wasserreinigende sowie der lärmdämpfende Einfluss der Wälder wurde von forstwissenschaftlicher Seite hervorgehoben.[473] Die Waldwirtschaft stand somit auch in Beziehung mit dem Gewässer- und Naturschutzdiskurs.[474] 1961 reichte der Zürcher Nationalrat Welter eine Motion zum Schutz des Waldes in Siedlungsgebieten ein. Darin forderte er den BR auf, zu prüfen, ob nicht alle Waldungen unter Schutz gestellt werden sollten, wobei gleichzeitig die Definition von Schutzwaldungen um die Aufgaben der Erholungsfunktion und des Schutzes der Wasserversorgung zu erweitern wäre.[475] In seiner Antwort begrüsste BR Tschudi die Idee der Intensivierung des Waldschutzes, verwies aber darauf, dass die Ausscheidung der Schutzwaldungen in die Kompetenz der Kantone falle.[476] Im selben Jahr verabschiedete der Schweizerische Verband für Waldwirtschaft seine Thesen zur Walderhaltung im Mittelland und auch der SFV setzte eine Kommission zu Rodungsfragen ein, welche unter anderem den bereits 1943 geäusserten Wunsch nach einer Walddefinition bekräftigte.[477] 1965 erliess der BR schliesslich eine neue Vollziehungsverordnung zum bestehenden FPoG von 1902.[478] Darin trat neben der bereits verankerten Nutz- und Schutzfunktion neu auch die Wohlfahrtsfunktion. Ebenfalls wurde der Bergriff der Nachhaltigkeit neudefiniert. So beinhaltete die Definition der Nachhaltigkeit nicht mehr nur die Steigerung und Erhaltung der Produktionskraft des Bodens sowie die Wahrung der Schutzfunktion, sondern auch die Erhaltung der Wohlfahrtsfunktion.[479] In der Vollzie-

---

[472] Vgl. Küchli/Stuber 2001; Price 1987. Als Beispiel für Erholung im Wald sei an dieser Stelle auch auf die Vitaparcours verweisen, welche ab 1968 in der Schweiz entstanden. http://www.zurichvitaparcours.ch/vitaparcours-info/ueber-zurich-vita parcours/geschichte/ (2.10.2014).

[473] Vgl. Bättig 1962: 42-55; Kurth 1968: 1-9; Keller 1968: 11-21; Hauser 1970: 20-23.

[474] Vgl. Walter 1996: 162-179; Summermatter 2012: 329-332.

[475] Vgl. Bericht Geschäftsführung 1962. In: GB 107 (1962): 14-15.

[476] Vgl. Bloetzer 2004: 121.

[477] Vgl. Bloetzer 1992: 620-621; Bloetzer 2004: 121-122.

[478] Vgl. Vollziehungsverordnung, 1.10.1965. In: AS 1965 (166): 861-873.

[479] Vgl. Vollziehungsverordnung, 1.10.1965. In: AS 1965 (166): 865.

hungsverordnung wurde auch zum ersten Mal der Begriff des Waldes auf Bundesebene definiert. Demnach galt „[...] jede mit Waldbäumen und -sträuchern bestockte Fläche, die, unabhängig von der Grösse des Ertrages, Holz erzeugt oder geeignet ist, Schutz- oder Wohlfahrtsfunktionen auszuüben" als Wald.[480] Die Vollziehungsverordnung unterschied zwar noch immer zwischen Schutz- und Nichtschutzwäldern, da sie in Artikel 24 jedoch auch die Erhaltung der regionalen Ausdehnung des Waldbestandes vorschrieb, entsprach sie zumindest teilweise den Forderungen Welters.[481] Darüber hinaus waren künftig bei Rodungsgesuchen ebenfalls die Auswirkungen auf das Orts- und Landschaftsbild zu berücksichtigen, womit bereits raumplanerische Überlegungen Eingang in die Forstpolitik des Bundes fanden.[482] Nebst den Kantonen forderte neu der BR auch die Gemeinden auf, im Einzugsgebiet von Wildbächen, nötigenfalls durch Ankauf von Grundstücken, Aufforstungen anzustreben.[483]

Anfang der 1960er-Jahre begann sich die Lage auf dem Holzmarkt zu ändern. Im Geschäftsbericht von 1961 vermeldete der BR eine Zunahme des Holzimportes von bis zu 80 % gegenüber dem Vorjahr.[484] Durch die grossen Schadenholzbestände, ausgelöst durch Schneedruck- und Sturmschäden in den Jahren 1962 und 1967, sanken die Holzpreise weiter.[485] Hinzu trat infolge des niedrigen Erdölpreises eine sinkende Nachfrage nach Brennholz.[486] Aufgrund der sinkenden Holzerlöse und den steigenden Kosten, insbesondere bei den Löhnen, reichte Nationalrat Grünig 1968 ein Postulat ein, in dem er den BR aufforderte, durch eine Expertenkommission eine langfristige Gesamtkonzeption der schweizerischen Wald- und Holzwirtschaft ausarbeiten

---

480 Vollziehungsverordnung, 1.10.1965. In: AS 1965 (166): 861.

481 Vgl. Vollziehungsverordnung, 1.10.1965. In: AS 1965 (166): 862-869.

482 Vgl. Vollziehungsverordnung, 1.10.1965. In: AS 1965 (166): 869

483 Vgl. Vollziehungsverordnung, 1.10.1965. In: AS 1965 (166): 870.

484 Vgl. Bericht Geschäftsführung 1962. In: GB 107 (1962): 159-160.

485 Als eine Art Selbsthilfeorganisation wurde 1968 die Bernische Holzverwertungsgenossenschaft gegründet, welche 1976 zur Schweizerischen Holzverwertungsgenossenschaft erweitert wurde. Vgl. Kilchenmann 1995: 54-56.

486 Wurde in der Schweiz 1955 noch 15 % der Heizleistung mit Brennholz geleistet, waren es 1975 nur noch 1.5 %. Dieser Umstand wog umso schwerer, als Schadensholz oftmals zu Brennholz verarbeitet wurde. Vgl. Küchli/Stuber 2001.

zu lassen.[487] In demselben Jahr ersuchte der Schweizerische Verband für Waldwirtschaft zusammen mit dem Schweizerischen Bauernverband in einer Denkschrift die Bundesbehörden um eine Umwandlung des FPoG in ein den wirtschaftlichen Möglichkeiten Rechnung tragendes Forstgesetz.[488] In seiner Botschaft betreffend einer vermehrten Förderung der Forstwirtschaft lehnte der BR zwar eine Totalrevision des FPoG unter dem Verweis der Langwierigkeit eines solchen Prozesses ab, schlug aber als Sofortmassnahme eine Erhöhung der Subventionen vor.[489] Auf den Ausbau der Subventionen wird im folgenden Kapitel eingegangen, an dieser Stelle ist festzuhalten, dass der BR von einer Strukturkrise der Forstwirtschaft sprach, mitverursacht durch den gestiegenen Anspruch der Öffentlichkeit an den Wald.[490]

Unter diesen Vorzeichen ist auch die Entwicklung der Totalrevision des bernischen Forstgesetzes von 1973 zu verstehen. Nach den Schneedruck- und Sturmschäden von 1967, welche insbesondere das bernische Mittelland heimsuchten, forderte Grossrat Ischi in seiner Motion, dass alle Wälder auf dem Kantonsgebiet als Schutzwaldungen ausgeschieden würden, damit auch das bernische Mittelland von den Subventionen für die Wiederraufforstung und der Instandsetzung der Weganlagen profitieren könne.[491] Auf Antrag des RR stimmte der GR 1969 aufgrund der Motion einer Totalrevision des kantonalen Forstgesetzes von 1905 zu, auch weil durch die Änderung der eidgenössischen Vollziehungsordnung Anpassungen nötig waren.[492] Obwohl die Ausweitung der Schutzwaldungen Kernpunkt der Revision war, wurde die Diskussion durch die Wohlfahrtsfunktion und die Frage nach der Rendite der Wälder geprägt. Letztere sollte durch den Ausbau des Wegnetzes, der Revierbildung, geschultes Personal und nicht zuletzt durch

[487] Vgl. Tromp 1970: 912. Der Bericht über die Gesamtkonzeption wurde 1975 vom EDI publiziert. Vgl. Bloetzer 1992: 621-223.

[488] Tromp 1970: 935.

[489] Vgl. Botschaft Förderung der Forstwirtschaft, 28.8.1968. In: BBl II (1968): 398-399.

[490] Vgl. Botschaft Förderung der Forstwirtschaft, 28.8.1968. In: BBl II (1968): 393-398.

[491] Tagblatt des Grossen Rates des Kantons Bern (1967): 468. 76 % Prozent der Waldungen auf dem Kantonsgebiet waren zu dieser Zeit bereits als Schutzwaldungen ausgeschieden worden. Vgl. Fankhauser 1946.

[492] Tagblatt des Grossen Rates des Kantons Bern (1969): 636-637.

eine vermehrte Nutzung gesichert werden.[493] Das kantonale Forstgesetz von 1973 sollte gemäss Artikel 1 die Bewirtschaftung sowie die Schutz- und Wohlfahrtwirkung der Wälder fördern, hierzu wurden alle Wälder des Kantons unter Schutz gestellt.[494] Zudem wurden die Beiträge an Forstverbesserungsmassnahmen erhöht, von bisher maximal 30 % auf neu 40 %, wobei gleichzeitig auch der subventionsfähige Massnahmenkatalog erweitert wurde.[495] Grundsätzlich neu war die Entschädigung an die Waldeigentümer bei Beschädigungen, welche durch eine „übermässige" Beanspruchung durch die Bevölkerung entstanden.[496] Hiermit trug der GR der unentgeltlichen Leistung der Wohlfahrtswirkung infolge des zunehmenden öffentlichen Interesses am Wald Rechnung.

6.2 Die Subventionspolitik von Bund und Kanton

Nach den Sparmassnahmen der 1930er-Jahre war die Subventionspolitik des Bundes in der Zeit zwischen 1945 und 1973 geprägt durch Beitragserhöhungen und -erweiterungen. Eine Ausnahme davon bildeten die Besoldungsbeiträge, welche schrittweise herabgesetzt und schliesslich 1953 abgeschafft wurden.[497] Im Sinne des Rentabilitätsdiskurses erhöhten die Bundesbehörden 1945 zuerst die Subventionen für die Zusammenlegung von Privatwaldungen.[498] Im Jahr darauf strebte der BR einen zusätzlichen Beitrag für die Aufforstung in Gebirgsgegenden sowie zu Wiederherstellungsarbeiten in Schutzwaldungen an.[499] Begründet wurde diese zusätzliche Kostenbeteiligung des Bundes mit den Rodungen zur Kulturlandgewinnung während des Krieges und der

---

[493] Vgl. Tagblatt des Grossen Rates des Kantons Bern (1972): 625-629.

[494] Vgl. Gesetz über das Forstwesen, 18.7.1973. In: GS (1973): 207.

[495] Neu wurden auch Massnahmen zur Bekämpfung von Waldkrankheiten und Schädlingen sowie bauliche Massnahmen gegen Lawinen vom Kanton finanziell unterstützt. Mit dem Terminus „Andere Forstverbesserungen" hielt sich der GR zudem offen, den Massnahmenkatalog künftig weiter auszudehnen, ohne eine Revision vornehmen zu müssen. Vgl. Gesetz über das Forstwesen, 18.7.1973. In: GS (1973): 217-218.

[496] Vgl. Gesetz über das Forstwesen, 18.7.1973. In: GS (1973): 217.

[497] Vgl. Bloetzer 1992: 617.

[498] Vgl. Botschaft Abänderung Forstpolizei, 19.1.1945. In: BBl I (1945): 103-107.

[499] Vgl. Botschaft Waldrodung und Übernutzung, 24.6.1946. In: BBl II (1946): 769-772.

Nutzung der Wälder über das vorgeschriebene Nutzungsquantum und der damit einhergegangenen Vorratsverminderung.[500] Neben ordentlichen Subventionsbeiträgen beteiligte sich der Bund mit 25 % an den Kosten, dies ebenfalls bei Wiederherstellungsarbeiten, sofern sich auch die Kantone finanziell beteiligten.[501] Unter dem Eindruck des Lawinenwinters von 1950/51 ergänzte das Parlament das FPoG um ausserordentliche Beiträge zur Behebung der Lawinenschäden und zur Förderung von Aufforstungen und Verbauungen in lawinengefährdeten Gegenden.[502] Mit den Stürmen im Frühjahr 1967 war ein weiteres Naturereignis auslösendes Moment für eine erneute Ausweitung der Bundessubventionen. Aufgrund der bereits vor den Sturmschäden prekären Lage auf dem Holzmarkt gingen von Seiten des Parlaments aber auch von Seiten der Kantone sowie von der kantonalen Forstdirektoren Konferenz Gesuche an den BR ein, Massnahmen zur Milderung der Sturmschäden zu erlassen.[503] Die Anfragen betrafen eine Beschränkung der Holzimporte, die Förderung der Holzexporte, Unterstützung durch Kreditmassnahmen der Nationalbank sowie Beiträge an die Kosten der Schädlingsbekämpfung und Wiederaufforstung.[504] Eine Beschränkung der Holzeinfuhr lehnte der BR aus handelspolitischen Gründen ab, während er die Krediterleichterung abschlägig beurteilte, da diese in die Zuständigkeit der Kantone falle.[505] Unterstützt wurden gemäss den Gesetzesgrundlagen die Beiträge an Massnahmen zur Abwehr von Krankheiten und Schädlingen sowie zur Wiederauffor-

---

[500] Vgl. Botschaft Waldrodung und Übernutzung, 24.6.1946. In: BBl II (1946): 769-770.

[501] Vgl. Botschaft Waldrodung und Übernutzung, 24.6.1946. In: BBl II (1946): 772.

[502] Vgl. Bundesgesetz Abänderung Forstpolizei, 19.12.1951. In: BBl III (1951): 1097-1099. Zu den Auswirkungen des Lawinenwinters 1951 auf die Lawinenschutzpolitik der Schweiz vgl. Laternser/Ammann 2002.

[503] Unter den Gesuchstellern befanden sich Nationalrat Leu und Nationalrat Tschumi sowie die Kantone Aargau, Luzern, Schaffhausen, St. Gallen, Thurgau und Zürich. Vgl. Botschaft Massnahmen Sturmschäden, 26.5.1967. In: BBl I (1967): 944-945.

[504] Vgl. Botschaft Massnahmen Sturmschäden, 26.5.1967. In: BBl I (1967): 944-946.

[505] Vgl. Botschaft Massnahmen Sturmschäden, 26.5.1967. In: BBl I (1967): 947-949.

stung.[506] Zusätzlich stützte der Bund die Exportpreise mit maximal fünf Millionen Franken.[507]

Wie bereits im vorangegangenen Kapitel angesprochen wurde, erforderte die sogenannte Strukturkrise weitere stützende Massnahmen seitens des Bundes. Diesbezüglich reichten National- und Ständerate insgesamt acht Postulate, der Schweizerische Verband für Waldwirtschaft zusammen mit dem Schweizerischen Bauernverband und der SFV je eine Eingabe beim BR ein.[508] Nebst der Selbsthilfe durch Rationalisierung und Mechanisierung der Arbeit sowie der besseren Erschliessung sah sich der BR mit Rücksicht auf die Schutz- und Wohlfahrtsfunktion des Waldes in der Pflicht, bei der Überwindung der Krise mitzuwirken. Hierfür erhöhte er die Beiträge an die Aus- und Weiterbildung der Waldarbeiter und Förster sowie die Subventionen für Wegbauten. Erst durch die Erschliessung der Gebirgswälder könne die nötige Pflege sichergestellt und gleichzeitig die Abfuhr technisch und wirtschaftlich erleichtert werden.[509] Daher sah der BR eine Erhöhung des Maximalansatzes auf 50 % vor.[510] Wie bereits 1929 erhöhte das Parlament den Maximalansatz und verabschiedete schliesslich einen Maximalansatz von 60 %.[511] Wie oben bereits erwähnt wurde, erhöhte auch der Kanton Bern 1973 seine Subventionsbeiträge für Wegbauten. Damit wurde der Wegbau und mit ihm die Idee der Kielwassertheorie auf die gleiche Stufe wie die Verbauungen und Aufforstungen gestellt und bestätigte gleichsam den Trend, dass, obwohl die effektiven Kosten für Wegbauten geringer waren als für Aufforstungs- und Verbauungsprojekte, die Subventionen der Weganlagen gemessen am Gesamtvolumen der forstlichen Bundessubventionen stiegen.[512]

---

[506] Abgesehen von den bereits gesetzlich festgeschriebenen Leistungen wurden auch die Anschaffung von Geräten und Maschinen sowie von Abwehrmitteln, die Kosten für Treibstoffe und Unterhalt und dadurch entstandenen Lohnkosten vom Bund subventioniert, wobei die Beiträge gemessen an der Finanzkraft der Kantone gesprochen wurden. Vgl. Botschaft Massnahmen Sturmschäden, 26.5.1967. In: BBl I (1967): 946.

[507] Vgl. Botschaft Massnahmen Sturmschäden, 26.5.1967. In: BBl I (1967): 957.

[508] Vgl. Botschaft Förderung der Forstwirtschaft, 28.8.1968. In: BBl II (1968): 393-395.

[509] Vgl. Botschaft Förderung der Forstwirtschaft, 28.8.1968. In: BBl II (1968): 401.

[510] Vgl. Botschaft Förderung der Forstwirtschaft, 28.8.1968. In: BBl II (1968): 401.

[511] Vgl. Bundesgesetz Änderung Forstpolizei, 21.3.1969. In: BBl I (1969): 582.

[512] Vgl. Bauer 1957: 487.

6.3 Gantrischgebiet

6.3.1 Bewirtschaftungsgrundsätze und Wirtschaftsziele

Die Wirtschaftsziele der WP zwischen 1945 und 1973 waren geprägt durch die Idee der „natürlichen“ standortgemässen Zusammensetzung der Wälder, der Rentabilität und der Nachhaltigkeit, wobei Letztere, wie zu zeigen sein wird, anders verstanden wurde als um 1900. Die Schutzfunktion dagegen wurde erst in den 1950er-Jahren wieder in den Katalog der Wirtschaftsziele aufgenommen. Noch keine Erwähnung hatte die Wohlfahrtsfunktion gefunden.

Bereits in der vorangegangenen Periode war eine naturgemässe Bestockung insbesondere zur Erfüllung der Schutzfunktionen als Ziel formuliert worden.[513] Dieser Grundsatz wurde nach dem Zweiten Weltkrieg weiter ausformuliert. Auf neue Forschungsergebnisse verweisend finden sich in allen WPs der 1940er-Jahre pflanzensoziologische und bodenkundliche Ausführungen zu den standortgemässen Holzarten, zusammen mit einer Beschreibung der dementsprechenden Waldtypen.[514] Die Bevorzugung der ursprünglichen Waldgeschlechter dürfe jedoch nicht mit einem ungepflegten Naturwuchs gleichgesetzt werden, dieser bringe, so Oberförster Flück, genauso „unansehnliche“ Bestände wie die Anpflanzung standortfremder Holzarten.[515] Die ausgearbeiteten Waldtypenkarten bildeten die Grundlage für die Planung und Rationalisierung der Betriebsführung.[516] Diesem Vorgehen lag die Annahme zu Grunde, dass einzig eine „naturgemässe“ Bestockung die dauernde Bodenfruchtbarkeit erhalten und die wertvollste und grösste Holzmasse erzeugen könne.[517] Die Berücksichtigung der Standortfaktoren diente also auch der Erreichung grösstmöglicher Gewinne.[518]

---

[513] Vgl. Kapitel 5.2.1.

[514] Vgl. WP Staatswaldungen 1947. AWR S.N.: 7-18; WP Wattenwil 1947. StAB BB VIa 1430: 11-12; WP Guggisberg 1949. StAB BB 11.2.35: 1; WP Rüschegg 1948. StAB BB 11.2.52: 12.

[515] Vgl. WP Wattenwil 1965. StAB BB 11.2.61: 15.

[516] Vgl. WP Staatswaldungen 1947. AWR S.N.: 42-43.

[517] Vgl. WP Wattenwil 1947. StAB BB VIa 1430: 11; WP Rüschegg 1948. StAB BB 11.2.52: 15.

[518] Vgl. WP Wattenwil 1947. StAB BB VIa 1430: 17; WP Guggisberg 1969. StAB BB 01.3.18: 16; WP Rüschegg 1970. StAB BB 01.3.51: 16.

Kreisoberförster Aerni forderte hierzu im WP Wattenwil von 1947 die Wirtschafter auf, die Verwertung des Holzes nach kaufmännischen Grundsätzen zu vollziehen.[519] Und gleich wie in der vorangegangenen Periode teilte Aerni auch die Waldungen des Staates in Wirtschaftswälder und Aufforstungsgebiete.[520] Zu Ersteren gehörten mitunter die ältesten Aufforstungen des Kantons im Gantrischgebiet, die Steckhütten- und die Längeneywaldungen, obwohl diese im WP der Staatswaldungen von 1885 noch als unproduktiv eingestuft worden waren.[521] Auch die Wälder der Gemeinde Rüschegg wurden in Wirtschaftswälder und Schutzwälder eingestuft.[522] Hierbei ist bemerkenswert, dass unter Schutzfunktionen nicht nur die Ufersicherung, sondern auch der Wald als Gestaltungselement berücksichtigt wurden.[523]

Die Nachhaltigkeit der Bewirtschaftung bildete noch immer den Grundsatz jeglicher Bewirtschaftung. Allerdings schien sich die Vorstellung darüber, welcher Wald ein nachhaltiger sei, zu ändern. Im Revisionsbericht zum WP über die Waldungen der Gemeinde Guggisberg von 1959 kritisierte der Forstingenieur Staudemann, dass sich die Waldungen nicht in einem nachhaltigen Produktionszustand befänden.[524] Trotz wachsender Vorratszahlen wurde die mangelnde natürliche Verjüngung der Bestände zunehmend als Problem gesehen.[525] Insbesondere in den Aufforstungsgebieten fehlte die natürliche Verjüngung weitgehend.[526] Anstelle einer möglichst grossen Vorratsanhäufung solle, so Kreisoberförster Aerni, künftig die Förderung der natürlichen Verjüngung und der Jungwuchspflege im Vordergrund stehen.[527] Damit wurde mit der bisherigen Idee einer nachhaltigen Bewirtschaftung gebrochen, welche in erster Linie von der Idee des Holzansparens ausgegangen war. Hervorgegangen war diese neue Konzeption der Nachhaltigkeit aus den Erfahrungen des Zweiten

---

[519] Vgl. WP Wattenwil 1947. StAB BB VIa 1430: 17.
[520] Vgl. WP Staatswaldungen 1947. AWR S.N.: 37.
[521] Vgl. Kapitel 4.3.1.
[522] Vgl. WP Rüschegg 1970. StAB BB 01.3.51: 17.
[523] Vgl. WP Rüschegg 1970. StAB BB 01.3.51: 17.
[524] Vgl. WP Guggisberg 1959. StAB BB 11.2.35: 11-12.
[525] Vgl. WP Wattenwil 1947. StAB BB VIa 1430: 17; WP Rüschegg 1948. StAB BB 11.2.52: 12; WP Guggisberg 1959. StAB BB 11.2.35: 12.
[526] Vgl. WP Rüschegg 1970. StAB BB 01.3.51: 15.
[527] Vgl. WP Staatswaldungen 1947. AWR S.N.: 44; WP Staatswaldungen 1967. AWR S.N.: 6.

Weltkrieges, als die Wälder massiv über ihr projektiertes Quantum genutzt wurden.[528] Dennoch stufte das Forstpersonal die Übernutzung als positiv ein, da einerseits durch die ausgeprägte Hiebsführung der natürlichen Verjüngung Vorschub geleistet wurde und andererseits die gesteigerte Nachfrage auch die längst notwendigen Durchforstungen förderte.[529] Um den Waldaufbau zu verbessern, sollte der Hiebsatz künftig über dem Vorratszuwachs liegen, sprich die Nutzungsquanten wurden erhöht.[530]

Gemäss den Waldtypenkarten galt der Waldschwingel-Tannen-Buchenwald bis zu einer Höhe von 1450 m.ü.M. als standortgemäss, in allen höher gelegenen Waldgebieten war der subalpine Fichtenwald die natürliche Bestockung.[531] Allerdings kritisierte das Forstpersonal in den WP durchgängig eine Übervertretung der Fichte, welche auf die früher ausgeübte Waldweide und der starken Förderung in Aufforstungen zurückgeführt wurde.[532] Anstelle der Fichte sollten Buchen und Weisstannen treten sowie die ebenfalls als standortgemäss eingestuften Arten Ahorn, Esche, Lärche und Dähle.[533] Oberförster Baumgartner hielt 1957 für die Staatswaldungen fest, dass die Weisstanne und nicht die Fichte Hauptholzart sei, letztere jedoch wegen ihres wirtschaftlich wertvollen Holzes angemessen vertreten sein solle.[534] Die unnatürliche Bestockung wurde betreffend die Waldungen der Gemeinden Guggisberg und Rüschegg auch auf das fehlende Pflanzenmaterial zurückgeführt, weshalb neue Pflanzengärten einzurichten

---

[528] Am stärksten übernutzt wurden die Waldungen der Burgergemeinde Rüschegg. Durchschnittlich wurde 173 % des projektierten Quantums geschlagen. Vgl. WP Rüschegg 1948. StAB BB 11.2.52: 10.

[529] Vgl. WP Staatswaldungen 1947. AWR S.N.: 17; 19-20; WP Guggisberg 1949. StAB BB 11.2.35: 5; WP Rüschegg 1948. StAB BB 11.2.52: 10.

[530] Vgl. WP Staatswaldungen 1967. AWR S.N.: 6; WP Guggisberg 1969. StAB BB 01.3.18: 18.

[531] Vgl. WP Staatswaldungen 1947. AWR S.N.: 7-11; WP Wattenwil 1947. StAB BB VIa 1430: 11; WP Rüschegg 1948. StAB BB 11.2.52: 12; WP Guggisberg 1949. StAB BB 11.2.35: 4.

[532] Vgl. WP Staatswaldungen 1947. AWR S.N.: 9; WP Wattenwil 1947. StAB BB VIa 1430: 11; WP Rüschegg 1948. StAB BB 11.2.52: 12; WP Guggisberg 1949. StAB BB 11.2.35: 4.

[533] Vgl. WP Staatswaldungen 1947. AWR S.N.: 7-8; WP Wattenwil 1947. StAB BB VIa 1430: 11; WP Rüschegg 1948. StAB BB 11.2.52: 12; WP Guggisberg 1949. StAB BB 11.2.35: 4.

[534] Vgl. WP Staatswaldungen 1957. AWR S.N.: 20.

seien.[535] In Wattenwil hingegen forderte Kreisoberförster Aerni die Aufhebung dreier Pflanzengärten, da diese unrentabel und „völlig überflüssig“ seien.[536]

Auch betreffend die Schlagführung sollten die Standortbedingungen berücksichtigt werden.[537] Die bestehenden Betriebsarten, der Femel- und Plenterbetrieb, wurden beibehalten.[538] Die Staatswaldungen und die Waldungen der Gemeinde Guggisberg sollten schrittweise in den Plenterbetrieb überführt werden.[539] Forstigenieur Flück kritisierte betreffend die Waldungen der Burgergemeinde Wattenwil, dass der Femelschlag zwar angewandt, aber falsch ausgeführt wurde.[540] Ein „technisch einwandfreier“ Femelschlag werde erst möglich sein, wenn das Wegnetz fertig gestellt sei.[541] Neben der Schlagführung wurden im Sinne der Verjüngungsförderung und der standortgerechten Bestockung die waldbaulichen Massnahmen als prioritär behandelt. Die WP forderten wie in den vorangegangenen Perioden in allen Waldungen eine intensive Durchforstung und Jungwaldpflege.[542] Insbesondere in den bis dahin wenig durchgeforsteten Aufforstungsgebieten stellten die waldbaulichen Eingriffe nicht nur eine Pflegemassnahme dar, sondern waren auch wirtschaftlich gesehen interessant.[543] In den Aufforstungsgebieten, so Kreisoberförster Baumgartner, seien „ungeheure“ Vorratsreserven angewachsen, durch deren Ausnutzung auch die Kosten für den dazu benötigten Wegbau refinanziert werden könnten.[544]

---

535 Vgl. WP Rüschegg 1948. StAB BB 11.2.52: 17; WP Guggisberg 1949. StAB BB 11.2.35: 13.

536 WP Wattenwil 1947. StAB BB VIa 1430: 21.

537 Vgl. WP Staatswaldungen 1957. AWR S.N.: 19.

538 Als Beispiele vgl. WP Staatswaldungen 1947. AWR S.N.: 42; WP Wattenwil 1947. StAB BB VIa 1430: 18; WP Rüschegg 1948. StAB BB 11.2.52: 15; WP Guggisberg 1949. StAB BB 11.2.35: 12.

539 Vgl. WP Staatswaldungen 1957. AWR S.N.: 15; WP Guggisberg 1969. StAB BB 01.3.18: 16.

540 Die Schläge wurden von unten nach oben anstatt von oben nach unten ausgeführt. Vgl. WP Wattenwil 1965. StAB BB 11.2.61: 6.

541 WP Wattenwil 1965. StAB BB 11.2.61: 6.

542 Vgl. WP Rüschegg 1948. StAB BB 11.2.52: 17; WP Guggisberg 1949. StAB BB 11.2.35: 13; WP Staatswaldungen 1957. AWR S.N.: 20-25; WP Wattenwil 1965. StAB BB 11.2.61: 15.

543 Vgl. Baumgartner 1966: 694-698.

544 Vgl. Baumgartner 1966: 698-699.

6.3.2 Aufforstungstätigkeit

Kreisoberförster Aerni beklagte im WP der Staatswaldungen von 1947, dass die vor Kriegsausbruch „im grossen Stil" begonnenen Aufforstungsprojekte infolge des Mangels an Arbeitskräften zum Stillstand gekommen seien.[545] Nach dem Krieg wurde die Aufforstungstätigkeit wieder aufgenommen und die Projekte bis 1957 fertiggestellt.[546] Abgesehen von der Ausführung der vor dem Krieg initiierten Projekte, bestand die Aufforstungstätigkeit in der Zeit zwischen 1945 bis 1973 sowohl auf Staatsareal als auch in den Gemeindewaldungen in erster Linie aus Wiederherstellungs- und Nachtragsprojekten von bereits bestehenden Aufforstungsgebieten.[547] Im Einzugsgebiet der Gürbe lagen auf Staatsareal die Projekte Gyrisberg[548] und Meierisli[549] sowie auf Boden der Burgergemeinde Blumenstein und der Alpgenossenschaft Unterwirtnern das Projekt Schwändli.[550] Das Projekt Aufforstung Schwarzwasser 1962 bestand aus den Aufforstungsprojekten Bützen, Walhalb, Schwirren und Tröli und der 1958 neu angekauften

---

[545] Vgl. WP Staatswaldungen 1947. AWR S.N.: 4.

[546] Vgl. WP Staatswaldungen 1957. AWR S.N.: 5.

[547] In den Waldungen der Gemeinde Rüschegg wurde im unteren Bezirk eine Fläche von 47 Aren aufgeforstet. Vgl. WP Rüschegg 1948. StAB BB 11.2.52: 3; In den Wattenwilerwaldungen wurden ein Stück Burgerland sowie zwei Privatparzellen aufgeforstet. Zudem wurde angemerkt, dass bezüglich des Lehmbruchs ein Entwässerungs- und Aufforstungsprojekt auszuarbeiten wäre. Vgl. WP Wattenwil 1965. StAB BB 11.2.61: 4; 21; In den Burgerwaldungen Guggisberg waren die Streurieder im Brandspitz und im Frickenmoos zur Aufforstung vorzusehen. Vgl. WP Guggisberg 1959. StAB BB 11.2.35: 8.

[548] Das Projekt Gyrisberg bestand aus den früheren Projekten Oberwirtneren und Obernünenen. Vgl. Bericht des Oberförsters Baumgartner zur 1. Teilabrechnung des Aufforstungsprojektes Gyrisberg des Staates Bern, Riggisberg 12.12.1962. AWR 8.431.2: 1.

[549] Das Projekt Meierisli wurde in den WP und Jahresberichten als Staatswaldprojekt behandelt, allerdings waren weitere Parteien beteiligt wie etwa die Gürbeschwellen-Korporation in Wattenwil. Vgl. Forstliches Entwicklungskonzept Region Schwarzwasser, o.O. [].4.1976. AWR S.N. [Rückblicke]: 36.

[550] Vgl. WP Staatswaldungen 1947. AWR S.N.: 55; Technischer Bericht zum Entwässerungs- und Verbauungsprojekt Schwändli, unsigniert und undatiert, ARW. S.N. [Schwändli]: 4.

Weide Oberes Bergli.[551] Mit letzterer kam zumindest ein Teil des Projekts zur Ausführung, welches die Gemeinde Rüschegg vor dem Krieg initiieren wollte und zugleich kehrte der Kanton Bern zu seiner Ankaufspolitik zurück. Ebenfalls wieder Instand gesetzt wurden die Aufforstungen der Steckhütten und Süftenen.[552] Zudem wurden kleinere, bis anhin landwirtschaftlich benutzte Flächen aufgeforstet, da das Interesse an einer Nutzung derselbigen abgenommen hatte.[553]

Der Schwerpunkt lag wie in den vorangegangenen Perioden auf der Regulierung des Wasserabflusses.[554] 1963 verfasste Kreisoberförster Baumgartner einen Überblicksbericht, in dem er die Aufforstungstätigkeit im Gantrischgebiet schilderte.[555] Darin findet sich der Grundsatz des Abholungsparadigmas deutlich wieder. So führte er die Überschwemmungen durch die drei Wildbäche Gürbe, Schwarzwasser und Sense sowie wie ihre Zuflüsse auf die Abholzungen zurück.[556] Die bisher umfangreich getätigten Aufforstungen- und Entwässerungsarbeiten wirkten sich nach Einschätzung Baumgartners bereits aus.

„Die Regulierung des Wasserabflusses ist bereits spürbar, indem Hochwasserkatastrophen, wie sie vor 50 Jahren vorkamen, in den letzten Jahrzehnten nicht mehr eingetreten sind.“[557]

Diese Aussage kann doch als erstaunlich eingeschätzt werden, angesichts der schweren Überschwemmungen, welche sich zwischen 1927 und 1938 ereigneten.

---

551 Bericht der Forstinspektion Mittelland [Aerni] zum Aufforstungsprojekt Schwarzwasser 1962, Bern [].7.1965. AWR S.N. [Aufforstungsprojekt Schwarzwasser 1962]: 1.

552 Vgl. WP Staatswaldungen 1947. AWR S.N.: 55.

553 Vgl. Jahresbericht des Kreisforstamtes über das Wirtschaftsjahr 1967/68, Riggisberg 2.4.1969. StAB BB 11.1.936: 4; Jahresbericht des Kreisforstamtes über das Wirtschaftsjahr 1970/71, Riggisberg 12.4.1972. StAB BB 11.1.936: 4.

554 Vgl. Technischer Bericht von Oberförster Baumgartner zum Aufforstungsprojekt Gyrisberg II des Staates Bern, Riggisberg 8.8. 1974. AWR 8.431.2: 1-2.

555 Vgl. Überblick von Kreisoberförster Baumgartner über die Aufforstungen in der Gurnigelkette, Forstktreis VII, Kt. Bern, Riggisberg 25.9.1963. AWR S.N. [Rückblicke]: 1.

556 Vgl. Überblick von Kreisoberförster Baumgartner über die Aufforstungen in der Gurnigelkette, Forstkreis VII, Kt. Bern, Riggisberg 25.9.1963. AWR S.N. [Rückblicke]: 1.

557 Überblick von Kreisoberförster Baumgartner über die Aufforstungen in der Gurnigelkette, Forstkreis VII, Kt. Bern, Riggisberg 25.9.1963. AWR S.N. [Rückblicke]: 1.

Wie in den WP wurde auch in den Aufforstungsprojekten Bezug auf die pflanzensoziologischen und bodenkundlichen Erkenntnisse genommen.[558] Bei unbestockten Flächen wurden zuerst sogenannte Schutzhölzer angebaut. Da die Alpenerlenkulturen im Gantrischgebiet teilweise stark an Pilzbefall litten, kamen vermehrt auch Bergföhren, Lärchen und Vogelbeerbäume zur Anwendung.[559] Entsprechend der Bodenqualität wurde anschliessend mit Fichten, Tannen und Buchen aufgeforstet, wobei Erstere deutlich am häufigsten gesetzt wurden.[560] Innerhalb des Projekts Schwändli wurde, um Kosten zu sparen und wegen des grossen Pflanzenverbrauchs, eigens ein Forstgarten zur Erziehung des benötigten Pflanzenmaterials angelegt.[561] Aufgrund einer Ziegenweide auf der Oberwirtneren Alp mussten die aufgeforsteten Flächen im Projekt Gyrisberg jeweils mit Stacheldrahtzaun eingezäunt werden.[562] Beim Projekt Schwarzwasser hatte Kreisoberförster Baumgartner wegen des grossen Rehbestandes ebenfalls eine Umzäunung gefordert, jedoch ohne Erfolg.[563] Mit Blick auf ähnliche Projekte

---

[558] Vgl. Technischer Bericht von Oberförster Baumgartner zum Aufforstungsprojekt Gyrisberg II des Staates Bern, Riggisberg 8.8. 1974. AWR 8.431.2: 1; Bericht der Forstinspektion Mittelland [Aerni] zum Aufforstungsprojekt Schwarzwasser 1962, Bern [].7.1965. AWR S.N. [Aufforstungsprojekt Schwarzwasser 1962]: 1; Technischer Bericht zum Entwässerungs- und Verbauungsprojekt Schwändli, unsigniert und undatiert, ARW. S.N. [Schwändli]: 7.

[559] Vgl. Technischer Bericht des Forstingenieurs Ramser zum Aufforstungsprojekt Schwarzwasser 1962, Grenchen 18.2.1965. AWR S.N [Aufforstungsprojekt Schwarzwasser 1962]: 3; Bericht des Oberförsters Baumgartner zur 1. Teilabrechnung des Aufforstungsprojekts Gyrisberg, 12.12.1962. AWR 8.431.2: 1.

[560] Vgl. Technischer Bericht des Forstingenieurs Ramser zum Aufforstungsprojekt Schwarzwasser 1962, Grenchen 18.2.1965. AWR S.N [Aufforstungsprojekt Schwarzwasser 1962]: 3; Bericht des Oberförsters Baumgartner zur 1. Teilabrechnung des Aufforstungsprojekts Gyrisberg, 12.12.1962. AWR 8.431.2: 1.

[561] Vgl. Technischer Bericht zum Entwässerungs- und Verbauungsprojekt „Schwändli“, unsigniert und undatiert, ARW. S.N. [Schwändli]: 12.

[562] Vgl. Technischer Bericht von Oberförster Baumgartner zum Aufforstungsprojekt Gyrisberg II des Staates Bern, Riggisberg 8.8. 1974. AWR 8.431.2: 3.

[563] Aus dem Bericht wird nicht ersichtlich bei wem dies Baumgartner eingefordert hat. Der Bericht hält allerdings fest, dass es nun an den Subventionsbehörden sei, für eine Dezimierung des Wildbestandes zu sorgen. Vgl. Technischer Bericht des Forstingenieurs Ramser zum Aufforstungsprojekt Schwarzwasser 1962, Grenchen 18.2.1965. AWR S.N [Aufforstungsprojekt Schwarzwasser 1962]: 3; Bericht des Oberförsters Baumgartner zur 1. Teilabrechnung des Aufforstungsprojekts Gyrisberg, 12.12.1962. AWR 8.431.2: 11.

liegt die Vermutung nahe, dass die Einzäunung aufgrund der hohen Kosten abgelehnt wurde.[564]

In einen Nutzungskonflikt geriet das Aufforstungsprojekt Schwarzwasser 1962. Im Sinne der touristischen und wirtschaftlichen Entwicklung des Gantrischgebietes wurde 1968 auf Boden der Gemeinde Rüschegg der Skilift Eywald-Lischboden eröffnet.[565] Noch im selben Jahr beklagte Kreisoberförster Baumgartner, dass durch Skifahrer, welche abseits der Pisten fuhren, die jungen Kulturflächen im Aufforstungsgebiet beschädigt würden.[566] Im Juni 1971 reichte die Skilifte Rüschegg AG im Rahmen einer Erweiterung des Skigebietes ein neues Rodungsgesuch beim EDI ein.[567] Sowohl der Forstdienst als auch das Naturschutzinspektorat des Kantons Bern lehnten das Rodungsgesuch ab, woraufhin die Skilifte Rüschegg AG das Gesuch zurückzog.[568] Aufgrund der Unsicherheit betreffend das Rodungsgesuch wurden die Arbeiten am Projekt Schwarzwasser 1962 während eines Jahres vorübergehend eingestellt.[569]

Nicht ausgeführt angesichts der Arbeitsbelastung durch die Zwangsnutzungen wurde ein Wiederherstellungsprojekt in den Waldungen der Gemeinde Guggisberg, obwohl dessen Kosten durch Bundes- und Kantonsbeiträge zu 90 % gedeckt gewesen wären.[570]

In Zusammenhang mit den Aufforstungen zeigte sich, dass das Problem der Entwässerung noch nicht gelöst war. Zu oft, so Kreisoberförster Aerni, bewirkten die Gräben nicht eine Ent-, sondern eine Bewässerung.

---

[564] Vgl. Jahresbericht des Kreisforstamtes über das Wirtschaftsjahr 1959/60, Riggisberg 31.7.1961. StAB BB 11.1.934: 5.

[565] Vgl. Bundesamt für Kultur 2011: 42.

[566] Jahresbericht des Kreisforstamtes über das Wirtschaftsjahr 1968/69, Riggisberg 26.3.1970. StAB BB 11.1.936: 4.

[567] Vgl. EDI Rodungsverfügung vom 19.3.1979 betreffend Gesuch der Skilifte Rüschegg AG. StAB BB 11.2.390: 2.

[568] Vgl. EDI Rodungsverfügung vom 19.3.1979 betreffend Gesuch der Skilifte Rüschegg AG. StAB BB 11.2.390: 2.

[569] Vgl. Jahresbericht des Kreisforstamtes über das Wirtschaftsjahr 1969/70, Riggisberg 1.4.1971. StAB BB 11.1.936: 4; Jahresbericht des Kreisforstamtes über das Wirtschaftsjahr 1970/71, Riggisberg 12.4.1972. StAB BB 11.1.936: 4; Jahresbericht des Kreisforstamtes über das Wirtschaftsjahr 1971/72, Riggisberg 5.4.1973. StAB BB 11.1.936: 4.

[570] Vgl. WP Guggisberg 1969. StAB BB 01.3.18: 8.

Kreisoberförster Aerni deutete die regressiven Entwicklungen in den älteren Aufforstungen, als Zeichen dafür, dass das Problem der Entwässerung noch nicht gelöst war.[571] Ebenfalls mussten zu steil angelegte Gräben entweder verlegt oder verbaut werden.[572] Der mangelhafte Unterhalt der angelegten Gräben schien insbesondere in den Gemeindewaldungen zum Problem zu werden. Gemäss dem Kreisförster seien nicht unterhaltene Gräben aber ein grösseres Übel, als wenn gar keine bestünden, da sich durch das angestaute Wasser nicht standortgemässe Pflanzen vermehrten.[573] Neben dem Öffnen der alten Gräben, wurde dennoch das Anlegen von neuen Entwässerungsgräben in den WP angeordnet.[574] Allerdings unterblieben diese Arbeiten mangels genügender Investitionen und Arbeitskräfte.[575] Kostensenkend wirkte sich einzig der maschinelle Aushub der Gräben aus.[576]

6.3.3 Wegbau

Die Annahme, dass der Ausbau der Waldwege die Grundlage für eine rationelle und intensive Bewirtschaftung darstelle, kann als allgemein akzeptiert angesehen werden.[577] Forstadjunkt Wattinger beschwor im WP Guggisberg von 1949, dass ein Zuwarten beim Wegbau den Forsthaushalt der Zukunft gefährden werde.[578] Die Förderung der Weganlagen wurde vom Forstpersonal vor allem angesichts der steigenden Löhne als dienliche Investition in Bezug auf die Reinerträge

---

[571] Vgl. WP Staatswaldungen 1947. AWR S.N.: 55.
[572] Vgl. WP Staatswaldungen 1947. AWR S.N.: 55.
[573] Vgl. WP Rüschegg 1948. StAB BB 11.2.52: 17.
[574] Vgl. WP Guggisberg 1949. StAB BB 11.2.35: 17; WP Wattenwil 1955. StAB BB 11.2.61: 9; WP Rüschegg 1958. StAB BB 11.2.52: 12.
[575] Vgl. WP Wattenwil 1965. StAB BB 11.2.61: 7; WP Guggisberg 1969. StAB BB 01.3.18: 8; WP Rüschegg 1970. StAB BB 01.3.51: 8.
[576] Erster maschineller Aushub im Staatswaldgebiet fand 1968 innerhalb des Projekts Schwarzwasser 1962 mithilfe eines Menzi-Muck statt. Vgl. Jahresbericht des Kreisforstamtes über das Wirtschaftsjahr 1968/69, Riggisberg 26.3.1970. StAB BB 11.1.936: 4.
[577] Vgl. WP Staatswaldungen 1947. AWR S.N.: 53; WP Rüschegg 1948. StAB BB 11.2.52: 20; WP Guggisberg 1959. StAB BB 11.2.35: 9; WP Wattenwil 1965. StAB BB 11.2.61: 7.
[578] Vgl. WP Guggisberg 1949. StAB BB 11.2.35: 17.

bewertet.[579] Wegen der Tendenz zur Motorisierung und angesichts der Absatzverhältnisse sei der Bau von autobefahrbaren Strassen unumgänglich.[580] Ende der 1950er-Jahre wurde das Wegnetz der Gemeinden Guggisberg und Rüschegg diesbezüglich als untauglich eingestuft, da einzelne bis keine mit Auto beziehungsweise Lastwagen befahrbaren Strassen bestanden.[581] In sämtlichen hier untersuchten Gemeinden wurde daher die Ausarbeitung eines generellen Wegplanes gefordert.[582] Dieses ermöglichte die Subventionierung durch Bund und Kanton, ohne welche die Weganlagen kaum ausgeführt worden wären.[583] Nebst den Beiträgen von den staatlichen Behörden und Geldern aus dem gesetzlich vorgeschriebenen Reservefonds wurden die Weganlagen aus der Gemeindekasse finanziert. Hierüber meinte Forstingenieur Staudenmann, die Forstbeamten sollten vor Ort die Bevölkerung durch Begehungen von der Bequemlichkeit und Zweckmässigkeit der Weganlagen überzeugen.[584] Dadurch würden in Gemeindeversammlungen diesbezügliche Kredite eher genehmigt.[585] Ab 1971 beklagte sich jedoch Oberförster Baumgartner bezüglich der Staatswaldungen über ungenügende Kredite, weshalb mehrere Projekte nicht ausgeführt werden konnten.[586] Ansonsten wurden die Leistungen auf dem Gebiet des Wegbaus in den Jahresberichten des Kreisforstamtes durchwegs

---

[579] Vgl. WP Wattenwil 1947. StAB BB VIa 1430: 16; WP Staatswaldungen 1957. AWR S.N.: 25; WP Wattenwil 1965. StAB BB 11.2.61: 7.

[580] WP Staatswaldungen 1947. AWR S.N.: 52.

[581] Vgl. WP Rüschegg 1958. StAB BB 11.2.52: 14; WP Guggisberg 1959. StAB BB 11.2.35: 9.

[582] Vgl. WP Wattenwil 1947. StAB BB VIa 1430: 16; WP Rüschegg 1948. StAB BB 11.2.52: 10-11; WP Guggisberg 1949. StAB BB 11.2.35: 15-16.

[583] Vgl. WP Rüschegg 1920. StAB BB VIa 1405: 20.

[584] Vgl. WP Rüschegg 1920. StAB BB VIa 1405: 20.

[585] Vgl. WP Rüschegg 1920. StAB BB VIa 1405: 20.

[586] Jahresbericht des Kreisforstamtes über das Wirtschaftsjahr 1971/72, Riggisberg 5.4.1973. StAB BB 11.1.937: 3; Jahresbericht des Kreisforstamtes über das Wirtschaftsjahr 1972/73, Riggisberg 25.4.1974. StAB BB 11.1.937: 4; Jahresbericht des Kreisforstamtes über das Wirtschaftsjahr 1973/74, Riggisberg 24.4.1975. StAB BB 11.1.938: 3.

als positiv gewertet.[587] Auffallend ist, dass viele der Weganlagen in Aufforstungsgebieten angelegt wurden.[588] Aber auch Naturereignisse konnten den Wegbau fördern, wie das Beispiel Guggisberg zeigt. So wurden in diesen Waldungen zwei mit Lastwagen befahrbare Strassen im Zusammenhang mit den Zwangsnutzungen nach den Stürmen von 1962 und 1967 gebaut.[589]

6.3.4 Organische und anorganische Schäden

Die organische Natur betreffend wurde vor allem der Wildbestand als „unzumutbare Belastung" für die Bewirtschaftung empfunden, da dieser die Verjüngung der Weisstanne und Buche – also den gewünschten Hauptholzarten – massiv behinderte.[590] Kreisoberförster Aerni beschrieb die Situation anlässlich des WP Wattenwil von 1947 folgendermassen:

„Die Waldungen in Wattenwil sind ein Wildpark." [591]

Als Schutzmassnahmen wurden Zäune und Schoner angebracht sowie vereinzelt auch chemische Wildverbissschutzmittel eingesetzt.[592] Jede dieser Massnahmen war jedoch mit einem erheblichen Arbeitsaufwand und somit grossen finanziellen Mitteln verbunden.

---

[587] Vgl. Jahresbericht des Kreisforstamtes über das Wirtschaftsjahr 1960/61, Riggisberg [].10.1962. StAB BB 11.1.934: 4; Jahresbericht des Kreisforstamtes über das Wirtschaftsjahr 1968/69, Riggisberg 26.3.1970. StAB BB 11.1.936: 4; Jahresbericht des Kreisforstamtes über das Wirtschaftsjahr 1969/70, Riggisberg 1.4.1971. StAB BB 11.1.936: 4; Jahresbericht des Kreisforstamtes über das Wirtschaftsjahr 1970/71, Riggisberg 12.4.1972. StAB BB 11.1.937: 4.

[588] Vgl. Jahresbericht des Kreisforstamtes über das Wirtschaftsjahr 1960/61, Riggisberg [].10.1962. StAB BB 11.1.934: 4; Jahresbericht des Kreisforstamtes über das Wirtschaftsjahr 1968/69, Riggisberg 26.3.1970. StAB BB 11.1.936: 4; Jahresbericht des Kreisforstamtes über das Wirtschaftsjahr 1969/70, Riggisberg 1.4.1971. StAB BB 11.1.936: 4; Jahresbericht des Kreisforstamtes über das Wirtschaftsjahr 1970/71, Riggisberg 12.4.1972. StAB BB 11.1.937: 4.

[589] Vgl. WP Guggisberg 1969. StAB BB 01.3.18: 8.

[590] WP Staatswaldungen 1967. AWR S.N.: 4.Verweise auf Wildschäden finden sich in beinahe allen WP. Exemplarisch vgl. WP Rüschegg 1948. StAB BB 11.2.52: 17; WP Guggisberg 1959. StAB BB 11.2.35: 10.
59; WP Wattenwil 1965. StAB BB 11.2.61:13.

[591] Vgl. WP Wattenwil 1947. StAB BB VIa 1430: 22.

[592] Vgl. WP Staatswaldungen 1947. AWR S.N.: 24; WP Wattenwil 1947. StAB BB VIa 1430: 22.

Auch Kreisoberförster Baumgartner verstand nicht, weshalb nicht mehr Tiere zum Abschuss freigegeben wurden und führte diesen Umstand auf den zu geringen Einfluss der Forstwirtschaft in der Jagdverwaltung zurück.[593] Aufgrund der anhaltenden Klagen seitens des Kreisförsters nahm die kantonale Jagdkommission an einer Begehung im Gantrischgebiet teil, woraufhin Baumgartner wiederum die Hoffnung äusserte, dass die Jagdverwaltung einschreiten werde.[594] Die anhaltend grosse Menge an diesbezüglichen Schadensmeldungen lässt allerdings darauf schliessen, dass es kaum zu einer Veränderung der Verhältnisse kam.

Neben den Wildschäden verzeichneten die Staatswaldungen sowie die Waldungen der Gemeinde Rüschegg und Wattenwil zum Teil jährlich grössere Mengen an Dürrholzanfällen, verursacht durch den Halimasch Pilz sowie Schädigungen durch den Fichtenborkenkäfer.[595]

Bezüglich der anorganischen Natur verursachte der bereits mehrfach erwähnte Sturmwind im Januar 1962 die grössten Schäden.[596] Auch die Windfälle vom Dezember 1952 und vom Frühjahr 1967 brachten erhebliche Massen an Schadensholz hervor, allerdings erreichten die Schädigung nicht das Ausmass von 1962.[597] Die Windwürfe in den Altholzbeständen führte Baumgartner auf die mangelhafte Durchforstung der letzten Jahrzehnte zurück.[598] Aus demselben Grund sei es in den älteren Aufforstungsgebieten immer wieder zu Schneedruckschäden gekommen.[599] Grössere Rutschungen waren in

---

[593] Vgl. Jahresbericht des Kreisforstamtes über das Wirtschaftsjahr 1959/60, Riggisberg 31.7.1961. StAB BB 11.1.934: 1.

[594] Vgl. Jahresbericht des Kreisforstamtes über das Wirtschaftsjahr 1960/61, Riggisberg [].10.1962. StAB BB 11.1.934: 1.

[595] Vgl. Jahresbericht des Kreisforstamtes über das Wirtschaftsjahr 1968/69, Riggisberg 26.3.1970. StAB BB 11.1.936: 1.

[596] Im gesamten Forstkreis VII fielen rund 70000 m^3 dem Sturmwind anheim. Vgl. WP Staatswaldungen 1967. AWR S.N.: 4.

[597] Vgl. WP Staatswaldungen 1957. AWR S.N.: 3; WP Staatswaldungen 1967. AWR S.N.: 4.

[598] Vgl. WP Staatswaldungen 1957. AWR S.N.: 3.

[599] Vgl. Jahresbericht des Kreisforstamtes über das Wirtschaftsjahr 1959/60, Riggisberg 31.7.1961. StAB BB 11.1.934: 1; WP Staatswaldungen 1957. AWR S.N.: 7; WP Staatswaldungen 1967. AWR S.N.: 4.

den Burgerwaldungen Guggisberg und Wattenwil zu verzeichnen.[600] Aufgrund von Naturereignissen sei es beinahe jährlich zu Zwangsnutzungen gekommen.[601]

Bezüglich menschenverursachten Schädigungen beklagte sich einzig Oberförster Baumgartner über die liegengelassenen Abfälle der Touristen, welche den Erholungsraum Wald zunehmend schädigten.[602]

6.3.5 Rückblick: Zeitgenössische Einschätzung der Bewirtschaftungsverhältnisse

Sowohl was die Pflanzungen als auch was den Unterhalt und die Anlage von Entwässerungsgräben anbelangt, blieben die Ausführungen in den Gemeindewaldungen bis Anfang der 1970er-Jahre hinter den Vorschriften zurück.[603] Dies sei, so Kreisoberförster Bachmann, umso mehr zu bedauern, als durch die Windwürfe die Anzahl der Kulturen eigentlich über der projektierten Menge hätte liegen müssen.[604] Ausser während des Krieges, als auch für Holz aus Durchforstungen sehr gute Preise erzielt wurden, und in den Staatswaldungen, in welchen die Arbeitskräfte bis 1957 hierfür von der Aufforstungstätigkeit abgezogen wurden, blieben die waldbaulichen Eingriffe in allen Waldungen im Rückstand.[605] Begründet wurde dieser grundsätzlich mit einem Arbeitermangel – insbesondere im Sommer – und der Arbeitsüberlastung infolge der Zwangsnutzungen.[606] Zudem erforderten die ständig

---

[600] Vgl. WP Guggisberg 1949. StAB BB 11.2.35: 3; WP Guggisberg 1969. StAB BB 01.3.18: 8; WP Wattenwil 1955. StAB BB 11.2.61: 6; WP Staatswaldungen 1957. AWR S.N.: 7.

[601] Vgl. WP Guggisberg 1969. StAB BB 01.3.18: 8; WP Rüschegg 1970. StAB BB 01.3.51: 9.

[602] Vgl. Jahresbericht des Kreisforstamtes über das Wirtschaftsjahr 1968/69, Riggisberg 26.3.1970. StAB BB 11.1.936: 1.

[603] Vgl. WP Rüschegg 1958. StAB BB 11.2.52: 12; WP Wattenwil 1965. StAB BB 11.2.61: 7; WP Guggisberg 1969. StAB BB 01.3.18: 8-14.

[604] Vgl. WP Rüschegg 1970. StAB BB 01.3.51: 8.

[605] Vgl. WP Staatswaldungen 1967. AWR S.N.: 7; WP Wattenwil 1965. StAB BB 11.2.61: 15; WP Guggisberg 1969. StAB BB 01.3.18: 6; WP Rüschegg 1970. StAB BB 01.3.51: 70.

[606] Vgl. Jahresbericht des Kreisforstamtes über das Wirtschaftsjahr 1959/60, Riggisberg 31.7.1961. StAB BB 11.1.934: 1; WP Guggisberg 1969. StAB BB 01.3.18: 15; WP Rüschegg 1970. StAB BB 01.3.51: 15.

steigenden Löhne ein „rationelles" Einsetzen der Arbeitskräfte.[607] Diesbezüglich wurde die Technisierung der Waldarbeit begrüsst[608]. In den 1950er-Jahren wurde im Staatswald Sangernboden zum ersten Mal mit einer Motorsäge Holz geschnitten und bei schwierigen Holztransporten eine Motor-Seilwinde eingesetzt.[609] Bezüglich der Kulturarbeit gab Kreisoberförster Baumgartner auch zu bedenken, dass die Unterpflanzung der Weisstanne oftmals unterblieb, weil das Wildschadenproblem noch nicht gelöst sei.[610] Die Leistungen auf dem Gebiet der Weganlagen wurden als sehr gut eingestuft.[611] Einzig das Wegnetz in den Waldungen von Rüschegg sei unbefriedigend und, so Baumgartner, mitverantwortlich für mangelnde Ausführung der waldbaulichen Massnahmen.[612] Abgesehen von der kriegsbedingten Mehrnutzung wurden die Wälder gemessen an den projektierten Nutzungen trotz Erhöhung des Quantums durchgehend stärker genutzt als vorgesehen. So musste etwa die Revision des WP von Wattenwil 1955 vorgezogen werden, da das Nutzungsquantum bereits erreicht war.[613] Bis Anfang der 1960er-Jahre dürfte dies auf die gute Lage auf dem Holzmarkt zurückzuführen sein, danach bestanden die Mehrnutzungen hauptsächlich aus Zwangsnutzungen.[614]

---

[607] Jahresbericht des Kreisforstamtes über das Wirtschaftsjahr 1959/60, Riggisberg 31.7.1961. StAB BB 11.1.934: 3. Zwischen 1969 und 1973 stiegen die Löhne der Waldarbeiter jährlich um durchschnittlich 12 %. Vgl. Jahresbericht des Kreisforstamtes über das Wirtschaftsjahr 1969/70, Riggisberg 1.4.1971. StAB BB 11.1.936: 5; Jahresbericht des Kreisforstamtes über das Wirtschaftsjahr 1970/71, Riggisberg 12.4.1972. StAB BB 11.1.937: 5; Jahresbericht des Kreisforstamtes über das Wirtschaftsjahr 1971/72, Riggisberg 5.4.1973. StAB BB 11.1.937: 4; Jahresbericht des Kreisforstamtes über das Wirtschaftsjahr 1972/73, Riggisberg 25.4.1974. StAB BB 11.1.937: 4; Jahresbericht des Kreisforstamtes über das Wirtschaftsjahr 1973/74, Riggisberg 24.4.1975. StAB BB 11.1.938: 4.

[608] Vgl. WP Staatswaldungen 1957. AWR S.N.: 5.

[609] Vgl. WP Staatswaldungen 1957. AWR S.N.: 5; Verband Berner Forstpersonal 2009: 2

[610] Vgl. WP Staatswaldungen Forstkreis VII 1976. AWR S.N.: 13.

[611] Vgl. WP Guggisberg 1969. StAB BB 01.3.18: 8; WP Staatswaldungen 1967. AWR S.N.: 3. WP Wattenwil 1976. StAB BB 01.3.68:6.

[612] Vgl. WP Rüschegg 1970. StAB BB 01.3.51: 15.

[613] Vgl. WP Wattenwil 1955. StAB BB 11.2.61: 1.

[614] Vgl. WP Wattenwil 1955. StAB BB 11.2.61: 9; WP Staatswaldungen 1967. AWR S.N.: 4; WP Guggisberg 1969. StAB BB 01.3.18: 7; WP Rüschegg 1970. StAB BB 01.3.51: 7.

6.4 Synthese

Die Zeit zwischen 1945 und 1973 ist geprägt durch die gesetzliche Verankerung der Wohlfahrtsfunktion des Waldes und damit der verstärkten Wahrnehmung als Erholungsraum. Auf die Bewirtschaftung der Wälder im Gantrischgebiet schien der Diskurs der Wohlfahrtswirkung vorderhand noch keinen Einfluss zu nehmen, so zählte die Wohlfahrtsfunktion nicht zu den Wirtschaftszielen. Indirekt beeinflusste sie jedoch den Wegbau im Sinne einer bequemen Zugänglichkeit für Touristen und förderte vor allem Nutzungskonflikte zu Tage, wie am Beispiel des Aufforstungsprojekt Schwarzwasser 1962 und an den Klagen über Schäden durch Touristen gezeigt werden konnte.

Die weiteren Forderungen der Forstpolitik auf eidgenössischer und kantonaler Ebene sowie auch die Bewirtschaftung auf lokaler Ebene standen in engem Zusammenhang mit der Lage auf dem Holzmarkt. Bis Anfang der 1960er-Jahre sprachen Forstwissenschaftler gar von einem Holzmangel und auch auf lokaler Ebene wurde von Holznot gesprochen.[615] Die infolge des Siedlungsdruckes zunehmenden Rodungsgesuche für das Mittelland bedrohten somit die Holzproduktion der Schweiz. In diesem Sinne waren neben dem Naturschutz- und dem Raumplanungsdiskurs wirtschaftliche Überlegungen ausschlaggebend für den Schutz der regionalen Verteilung der Waldfläche. Nach 1960 wechselten jedoch die Vorzeichen, als aufgrund der grossen Zwangsnutzungen nach den Sturmwinden von 1962 sowie 1967 und der zunehmenden Konkurrenz durch Erdöl und Elektrizität die Holzpreise fielen. Vor allem von forstwissenschaftlicher Seite wurden die Bundesbehörden aufgefordert, das auf dem Leitgedanken des Schutzes basierende FPoG durch ein Wirtschaftsgesetz zu ersetzen. Der BR anerkannte zwar die Strukturkrise der Wald- und Holzwirtschaft, lehnte aber eine Totalrevision des Gesetzes ab. Stattdessen erhöhte er als stützende Massnahme die Subventionsbeiträge. Die Möglichkeit der Subventionierung gab schliesslich den Impuls, im revidierten kantonalen Forstgesetz alle Wälder als Schutzwaldungen zu definieren – ein Vorgang, der bei der Ausarbeitung des Forstgesetzes von 1905 unter Hinweis auf den staatlichen Eingriff in Privateigentum abgelehnt worden war. Ein Zeichen der Annäherung zwischen Forstwissenschaftlern und Waldbesitzenden ist auch die seit 1969 er-

[615] Vgl. WP Staatswaldungen 1947. AWR S.N.: 19.

scheinende Zeitschrift „Berner Wald“, die vom Bernischen Forstverein und dem Verband bernischer Waldbesitzenden sowie dem Bernischen Försterverband herausgegeben wird.[616]

Auch im Gantrischgebiet spiegelte sich der Konjunkturverlauf auf dem Holzmarkt in der Bewirtschaftung wieder. Solange selbst Durchforstungsholz gute Preise erzielte, wurden alle waldbaulichen Eingriffe vorschriftsmässig ausgeführt. Als die Erlöse auch im Zusammenhang mit den steigenden Löhnen sanken, gerieten die Bewirtschafter bezüglich der projektierten Aufgaben vor allem bei allen nicht subventionierten Arbeiten in Rückstand. Die Übernutzungen vor den grossen Zwangsnutzungen sind denn auch in Bezug auf den „Haushalt der Forstkasse“ zu verstehen.[617]

Die neue Konzeption der Nachhaltigkeit wurde auf der lokalen Ebene rezipiert, bevor diese gesetztlich verankert war. Diese Antizipation verweist wiederum auf die rasche Umsetzung neuer forstwissenschaftlichen Ideen. Galt bis anhin die Produktion eines Holzvorrates als nachhaltige Bewirtschaftung der Wälder, verschob sich diese zu Gunsten einer selbständigen, natürlichen Verjüngung. Erhöhte Pflege und Nutzung erhielten dadurch eine grössere Gewichtung. Durch die Betonung der natürlichen Verjüngung gewann auch der Diskurs der natürlichen, standortgemässen Bestockung, dessen Ursprung in der vorangegangenen Phase liegt, an Bedeutung. Im Gegensatz zur Zwischenkriegsphase wurde die Holzartenwahl durch wissenschaftliche Studien belegt. Eine Kontinuität findet sich in den Wirtschaftszielen sowie der Betriebsform und Art wieder. Die Aufforstungstätigkeit bestand in erster Linie aus Wiederherstellungs- und Nachtragsprojekten sowie aus Aufforstungen von bisher landwirtschaftlich genutzten Flächen. Mit dem Ankauf dieser Weiden kehrten die kantonalen Behörden zu ihrer Ankaufspolitik, welche sie 1936 aufgrund von Konflikten mit der lokalen Bevölkerung aufgegeben hatten, zurück. Als Legitimation der Projekte dienten noch immer die Ideen des Abholzungsparadigmas. Die Wirkung der Aufforstungen wurde trotz einer Reihe schwerer Überschwemmungen Ende der 1920er- und im Verlauf der 1930er-Jahre nicht in Frage gestellt. Dass der Einfluss der Aufforstungen etwa von Oberkreisförster Baumgartner als überaus positiv darge-

[616] Vgl. Kilchenmann 1995: 52-53.
[617] WP Wattenwil 1955. StAB BB 11.2.61: 9.

stellt wurde, könnte allenfalls im Sinne einer Rechtfertigung für die erhaltenen Subventionen gesehen werden. Auch die Aufforstungstechnik betreffend änderte sich, ungeachtet des Wissens um gewisse Probleme wie zum Beispiel der Entwässerung, kaum. Die Einbringung von Buche und Weisstanne brachte wegen der Wildschäden nicht den erwünschten Erfolg. Teilweise wurde wegen des Wildbestandes gar ganz auf die Anpflanzung verzichtet. Darüber hinaus hinderten Naturereignisse – insbesondere Stürme und Rutschungen – eine planmässige Befolgung der Betriebsvorschriften. Die Zwangsnutzungen liessen nicht nur das vorgeschriebene Nutzungsquantum übersteigen, sondern verschärften den bereits existierenden Arbeitermangel, da die Arbeitskräfte für das Holzrüsten und nicht wie vorgesehen für waldbauliche Eingriffe eingesetzt werden mussten. So ist auch zu erklären, warum ein Aufforstungsprojekt in Guggisberg, obwohl es zu 90 % durch Bund und Kanton subventioniert war, nicht zur Ausführung gelangte.

7. Naturnaher Waldbau – Paradigmenwechsel in der Forstpolitik (1973-1997)

7.1 Die ökologische Wende der 1970er-Jahre

In der Forschung zur Geschichte der Umwelt- und Naturschutzbewegung erscheinen die 1970er-Jahre als Wendepunkt. Je nach Auslegung wird dabei das Jahr der Natur von 1970, die Studie des Club of Rome, welche die Grenzen des Wachstums prophezeite, oder die Ölkrise von 1973 nach dem Jom-Kippur Krieg, welche die Aussagen des Club-of-Rome Berichts zu bestätigen schienen, als Ausgangspunkt für die Veränderung angenommen.[618] Jens Ivo Engels hob jedoch hervor, dass die „ökologische Wende" weder neue Paradigmen noch eine neue Mensch-Umwelt-Beziehung hervorbrachte, sondern an bestehende Ideen anschloss.[619] Allerdings verstanden sie die neuen Akteure nicht als Fortsetzung des bisher meist national geprägten Naturschutzes, sondern agierten globalperspektivisch.[620] Wenn auch die Konzepte nicht grundlegend neu waren, so führten die 1970er-Jahre doch zu einer massiv gesteigerten Politisierung von Umweltfragen sowie als Folge zu einem gesteigerten öffentlichen Bewusstsein für Umweltprobleme.[621] So gingen sowohl seitens der staatlichen Administrationen als auch seitens der Zivilgesellschaft Projekte hervor.[622] Der Umweltdiskurs der 1970er-Jahre war nach dem wirtschaftlichem Boom bis Ende der 1960er-Jahre, auch geprägt durch ein abgeflachtes Wachstum gefolgt von einer Rezension Mitte der 1970er-Jahre und deren Ausläufer bis zu Beginn der 1980er-Jahre.[623] Auch die Wald- und Holzwirtschaft unterlag in dieser Periode starken jährlichen Nachfrage- und Preisschwankungen. Der Import ausländischen Holzes drückte auf die Holzpreise und wurde auch vom EDI als wachsendes Problem einge-

---

[618] Vgl. Hünemörder: 2005: 124-144; Engels 2010: 119-131; Radkau 2011: 124-164.
[619] Vgl. Engels 2010: 130-131.
[620] Vgl. Radkau 2011: 134-137.
[621] Engels 2010: 131.
[622] Vgl. Radkau/Schäfer 2007: 261; Radkau 2011: 134-137.
[623] Vgl. http://www.eso.uzh.ch/modul2/StaatSoz.html?lesson.section=unit&section.label=StaatSoz_4 (2.10.2014). Zu den Erdölkrisen von 1973 und 1982 vgl. auch Ganser 2012: 173-219.

stuft.[624] Ab 1982 verwies der BR auch auf die zunehmende Anzahl defizitärer Forstbetriebe.[625] Der Konjunktureinbruch wirkte sich auch auf den Bundeshaushalt aus, welcher bis Mitte der 1980er-Jahre defizitär blieb, sowie auf die Arbeitslosenquote, welche insbesondere in Folge der beiden Ölkrisen angestiegen war.[626] Unter diesen Vorzeichen ist die Subventionspolitik des Bundes zu verstehen, auf die folgend eingegangen wird.

7.2 Sparzwang bei der Subventionspolitik des Bundes

Bereits am 17. Mai 1972 erliess der BR einen Plafonierungsbeschluss, in dem er den Umfang der forstlichen Subventionen auf 70 % der durchschnittlichen Subventionen aus den Jahren 1970/71 beschränkte.[627] In seiner Stellungnahme vom 18. September 1972 bedauerte der BR zwar die Auswirkungen der Plafonierung für die angeschlagene Holzwirtschaft, sah sich jedoch aufgrund des Konjunkturverlaufs und „höherer Interessen" zu diesem Schritt veranlasst.[628] Bei der Sprechung der Subventionen sollte nach Ansicht des BR zukünftig priorisiert werden: An erster Stelle standen die Lawinenverbauung, die Entwässerung sowie die Aufforstung von rutschgefährdeten Gebieten und durch ausserordentliche Vorkommnisse zerstörten Waldungen.[629] Anschliessend seien Wegerschliessungsanlagen mit grossem Nutzeffekt zu subventionieren.[630] Zurückzustellen seien der Ausbau bestehender Weganlagen sowie Aufforstungen, welche keinen spezifischen Schutz- oder Wohlfahrtscharakter aufwiesen.[631] Wie während der Sparmassnahmen in der Zwischenkriegszeit wurde das Kosten-Nutzen Prinzip zum qualitativen Entscheidungskriterium darüber, welche Projekte Finanzhilfe erhielten.

1977 schlug der BR im Rahmen der Massnahmen zum Ausgleich des Bundeshaushaltes auch im Forstwesen weitere Kürzungen

[624] Vgl. Bericht Geschäftsführung 1978. In: GB 116 (1978): 63.
[625] Vgl. Bericht Geschäftsführung 1982. In: GB 118 (1982): 62.
[626] Vgl. Beljean 2001: 35; Sheldon 2010: 16-17.
[627] Vgl. Bericht Geschäftsführung 1972. In: GB 113 (1972): 61.
[628] Petite question urgente Barras, 18.9.1972. In: AB V (1972) : 2452.
[629] Vgl. Bericht Geschäftsführung 1973. In: GB 114 (1973): 65.
[630] Vgl. Bericht Geschäftsführung 1973. In: GB 114 (1973): 65.
[631] Vgl. Bericht Geschäftsführung 1973. In: GB 114 (1973): 65.

der Subventionen bis 1980 vor.[632] Neben selektiven Beitragskürzungen befürwortete der BR eine Neugruppierung der Subventionsartikel.[633] So sollte künftig zwischen Massnahmen im Zusammenhang mit Lawinenverbauungen und solchen ohne diese unterschieden werden.[634] Erstere waren nicht von Beitragskürzungen betroffen. Dagegen sollten Aufforstungen von landwirtschaftlich aufgegebenen Flächen, wie dies im Jura, Mittelland und in den Voralpen oft vorkam, und die keinen besonderen Schutzzweck erfüllten nur noch mit maximal 60 % vom Bund unterstützt werden, da diese „[...] forstlich oft nicht notwendig und landwirtschaftlich zum Teil unerwünscht" seien.[635] In diesem Zusammenhang sollte auch die Vergütung der Bodenbesitzer solcher Flächen aufgegeben werden, da beinahe ausschliesslich Flächen aufgeforstet wurden, die bereits ertraglos waren.[636] Weitere Kürzungen betrafen die Wiederaufforstung nach ausserordentlichen Vorkommnissen um 10 % sowie die Beiträge an die Anlage von Abfuhrwegen und Verbauungsmassnahmen um jeweils 5 %.[637] Mit der Auswahl der Subventionsbegrenzung verfolgte der BR die 1972 eingeschlagene Richtung weiter und rückte zunehmend von seiner Aufforderung zur Ankaufspolitik ab. Ebenfalls verankerte der BR in diesem Moment die grundsätzlich neuartige Idee, die Beitragszahlungen zu verweigern, wenn die Aufforstungen durch überhöhte Wildbestände geschädigt oder vernichtet wurden und folglich die Aufforstungen durch zusätzliche Bundessubventionen wiederhergestellt werden müssen.[638] Der BR warf den Kantonen vor, sich vor einer Minimierung der Wildbestände zu scheuen und so öffentliche Mittel zu verschleudern.[639] Mit den Kürzungen im Forstwesen erhoffte sich der BR eine Entlastung von jährlich zehn Millionen Franken.[640] Nach Ablauf der drei Jahre forder-

---

632 Vgl. Botschaft Ausgleich des Bundeshaushaltes, 9.2.1977. In: BBl I (1977): 850-852.
633 Vgl. Botschaft Ausgleich des Bundeshaushaltes, 9.2.1977. In: BBl I (1977): 850.
634 Vgl. Botschaft Ausgleich des Bundeshaushaltes, 9.2.1977. In: BBl I (1977): 850.
635 Botschaft Ausgleich des Bundeshaushaltes, 9.2.1977. In: BBl I (1977): 850.
636 Vgl. Botschaft Ausgleich des Bundeshaushaltes, 9.2.1977. In: BBl I (1977): 850-851.
637 Vgl. Botschaft Ausgleich des Bundeshaushaltes, 9.2.1977. In: BBl I (1977): 850-851.
638 Vgl. Botschaft Ausgleich des Bundeshaushaltes, 9.2.1977. In: BBl I (1977): 851.
639 Vgl. Botschaft Ausgleich des Bundeshaushaltes, 9.2.1977. In: BBl I (1977): 851.
640 Vgl. Botschaft Ausgleich des Bundeshaushaltes, 9.2.1977. In: BBl I (1977): 852.

te der BR eine Weiterführung im Rahmen des Sparprogrammes 1980, wobei er wiederum befristet auf zwei Jahre alle Bundessubventionen linear um 10 % kürzte.[641] 1982 verlängerte er diese Massnahmen um weitere zwei Jahre, um den Bundeshaushalt zu entlasten.[642]

Im gleichen Zeitraum schnürten die Bundesbehörden ab 1975 jedoch auch mehrere Massnahmenpakete zur Arbeitsbeschaffung und Konjunkturbelebung.[643] Unter der Kategorie „vom Bund mitfanzierte Bauten Dritter" sollte bis 1979 ein zusätzliches Bauvolumen von 609 Millionen ausgelöst werden, davon sollten je 15 Millionen in die Erschliessung und die Parzellenzusammenlegung sowie in Aufforstungs- und Verbauungsprojekte fliessen.[644] In einem weiteren Massnahmenpaket wurden von den Bundesbehörden für die Jahre von 1983 bis 1985 weitere Gelder für forstliche Projekte gesprochen.[645] Im Gegensatz zu den früheren Massnahmen wurden Aufforstungen jedoch nur im Zusammenhang mit Lawinen- und Gewässerverbauungen zusätzlich subventioniert.[646]

Inwiefern sich die Kürzungen der Subventionen auf der einen Seite und die zusätzlichen Kredite auf der anderen Seite auf die Waldbautätigkeit auswirkten, ist aufgrund des fehlenden Zahlenmaterials schwer abzuschätzen. Die wiederholten Forderungen seitens der Kantone, die Beiträge zu erhöhen, sowie der Verweis auf fehlende Mittel indizieren aber, dass die Kürzungen die konjunkturbelebenden Mass-

---

[641] Vgl. Botschaft Sparmassnahmen, 24.1.1980. In: BBl I (1980): 23.
[642] Vgl. Botschaft Beitragskürzung, 19.5.1982. In: BBl II (1982): 371-372.
[643] Vgl. Bundesbeschluss Beschäftigungs- und Einkommenseinbrüche, 20.6.1975. In: AB III (1975): 473; Bundesbeschluss Arbeitsbeschaffungsmassnahmen, 19.3.1976. In: AB I (1976): 396; Bundesbeschluss Beschäftigung, 17.3.1983. In: BBl I (1983): 1261-1221.
[644] Vgl. Botschaft Beschäftigungs- und Einkommenseinbrüche, 30.4.1975. In: BBl I (1975): 1834-1854.
[645] Vgl. Botschaft Wirtschaft, 31.1.1983. In: BBl I (1983): 841-881.
[646] Zusätzliche Beiträge erhielten die Lawinenverbauungen und Gewässerkorrektionen (je zehn Millionen) sowie die Anlage von Waldstrassen und die Parzellensubventionen (insgesamt fünf Millionen). Vgl. Botschaft Wirtschaft, 31.1.1983. In: BBl I (1983): 881.

nahmen überwogen und so zu einem Rückgang der subventionierten Projekte führten.[647]

7.3 Die Waldsterbedebatte in den 1980er-Jahren

Der Begriff „Waldsterben" kam in den frühen 1980er-Jahren auf und subsumierte bis dahin unbekannte Schäden an Bäumen.[648] Jedoch wiesen Forstfachleute, wie Dejung zeigte, seit Ende der 1960er-Jahre auf die Auswirkungen der Luftverschmutzung auf die Wälder hin. Ihre Berichte waren allerdings meist geographisch oder thematisch eingegrenzt.[649] Sie besprachen beispielsweise den Kastanienkrebs im Tessin, die Weisstannenkrankheit in Graubünden oder die Folgen von lokalen Sturmschäden.[650] Erst als ausgehend von Deutschland die Debatte um das Waldsterben angestossen wurde, nahm in der Schweiz eine breite Öffentlichkeit Kenntnis vom Schadenausmass.[651] Dejung hebt hervor, dass die Förster in der Schweiz von der Waldsterbedebatte überrumpelt worden seien und erst „lernen" mussten, die Schäden zu erkennen.[652] Es bildete sich schliesslich eine Allianz aus Kreisen der Forstwirtschaft, des Umweltschutzes und der Forschung, welche einen Massnahmenkatalog zum Schutz der Wälder vorschlug.[653] Diese Forderungen waren von Umweltschutzorganisationen seit längerem popagiert worden, fanden jedoch erst durch die Waldsterbedebatte auch bei grossen Teilen des bürgerlichen Lagers Aufmerksamkeit.[654] In der Schweiz fand die Debatte ihren Höhepunkt in der Sondersession der Bundesversammlung im Februar 1985.[655] Anschliessend an die Session nahmen die politischen Vorstösse und Entscheide zum Thema

---

[647] Vgl. Bericht Geschäftsführung 1974. In: GB 114 (1974): 69-70; Bericht Geschäftsführung 1977. In: GB 116 (1977): 57; Bericht Geschäftsführung 1980. In: GB 117 (1980): 65; Bericht Geschäftsführung 1981. In: GB 118 (1981): 71; Bericht Geschäftsführung 1982. In: GB 118 (1982): 62.

[648] Vgl. Uekötter 2011: 114.

[649] Vgl. Dejung 1996: 52-55. Zum Themasetting in der Schweiz vgl. auch Vincenz 1998: 18-32.

[650] Vgl. Dejung 1996: 52.

[651] Vgl. Dejung 1996: 52.

[652] Dejung 1996: 54.

[653] Als Massnahmen wurden unter anderem gefordert: Geschwindigkeitsbegrenzung, Sonntagsfahrverbote, Förderung des öffentlichen Verkehrs, Reduktion der Grenzwerte für den Schwefelausstoss. Vgl. Dejung 1996: 55.

[654] Vgl. Dejung 1996: 55

[655] Vgl. Dejung 1996: 56-58.

Waldsterben ab. Dies lag einerseits daran, dass die Allianz zwischen Umweltaktivisten und Forstwirtschaftlern zerbrach, nachdem Letztere ihre Forderungen verwirklicht sahen, andererseits an der zunehmenden Kritik an der Kausalhypothese zwischen Luftverschmutzung und Waldsterben, welche unter anderem von der 1985 gegründeten Autopartei in Zweifel gezogen wurde.[656] Nach einer Phase des Abschwungs kann die Waldsterbedebatte ab 1989 als unbedeutend eingestuft werden.[657] Die Frage warum aber die Waldsterbedebatte erst in den 1980er und nicht bereits nach der sogenannten ökologischen Wende der 1970er stattfand, beantwortet Bemmann dahingehend, dass neben der Wahrnehmung eines sich verschlechternden Waldzustandes nun die Gefahr des Schwefeldioxyds einerseits wissenschaftlich abgesichert war, andererseits nun auch die Bereitschaft von führenden Wissenschaftlern bestand, sich zusammen mit einer zunehmend politisch aktiven Umweltbewegung in die Luftreinhaltungsdebatte einzumischen.[658] Dazu gesellte sich, so Bemmann, eine gesellschaftliche Krisenstimmung, welche die Warnungen vor einem „ökologischen Hiroschima" gewillt aufnahm.[659]

Die Waldsterbedebatte wirkte sich massgeblich auf die forstliche Subventionspolitik des Bundes aus. 1984 sprach der BR in seiner Botschaft betreffend ausserordentliche Massnahmen gegen Waldschäden von einer Krisensituation, welche die Walderhaltung in der Schweiz ernsthaft gefährde.[660] Der gesundheitliche Zustand erfordere, dass die WP nicht mehr eingehalten werden könnten und das Forstpersonal stattdessen gezwungen sei, sich vollumfänglich auf die Zwangsnutzungen und Pflegemassnahmen in den kranken Beständen zu konzentrieren.[661] Die Hauptursache lag laut BR zwar in der Luftverschmutzung, aufgrund der schwierigen Verhältnisse in der Holzwirtschaft sowie wegen der ungenügenden Erschliessung durch Wege sei es den Waldbesitzenden jedoch auch nicht möglich gewesen, die Wälder genügend zu pflegen.[662] Auch deshalb habe sich der Gesundheitszustand

[656] Vgl. Dejung 1996: 56-58.
[657] Vgl. Dejung 1996: 59-60.
[658] Vgl. Bemmann 2012: 452.
[659] Bemmann 2012: 542.
[660] Vgl. Botschaft Waldschäden, 19.3.1984. In: BBl I (1984): 1096.
[661] Vgl. Botschaft Waldschäden, 19.3.1984. In: BBl I (1984): 1094-1097.
[662] Vgl. Botschaft Waldschäden, 19.3.1984. In: BBl I (1984): 1093-1096.

der Wälder in den letzten Jahren stark verschlechtert.[663] Von Seiten des Parlaments, der Kantone sowie von Verbänden und Institutionen seien Vorstösse eingegangen, die den Bund aufforderten, durch sofortige Massnahmen die Waldbesitzenden in der Pflege und Nutzung der Wälder zu unterstützen.[664] Als dringliche Massnahmen empfahl der BR die Bekämpfung der Waldschädlinge, die finanzielle Unterstützung bei Zwangsnutzungen in geschädigten Waldbeständen sowie bei aussergewöhnlichen Ereignissen.[665] Unter Letzterem verstand der BR etwa die Bekämpfung von Waldbränden, die durch das Verbrennen von Ästen und Rinden verursacht wurden.[666] Aufgrund der unpräzisen Formulierung ist nicht zu erkennen, ob, wie Bisang behauptet, der Bund bereits zu diesem Zeitpunkt Pflegeeingriffe subventionierte.[667] Die Finanzierung der ausserordentlichen Massnahmen sollte maximal 150 Millionen betragen und war bis 1988 befristet.[668] Daneben forderte der BR die Erhaltung der Wälder durch Massnahmen, wie dies das FPoG bereits vorsah, namentlich die Wiederinstandsetzung verlichteter Schutzwaldungen, die Aufforstung von Kahlflächen und intensivierten Erschliessung.[669] Zudem sprach er zusätzliche 25 Millionen für die wissenschaftliche Erforschung des Waldsterbephänomens.[670] Die Bundesversammlung stimmte dem Massnahmenkatalog am 2. respektive am 3. Mai 1984 zu.[671] Ebenfalls im Rahmen der Waldsterbedebatte schlug der BR ein staatliches Förderprogramm für die schweizerische Wald- und Holzwirtschaft im Rahmen von 17 Millionen vor.[672] Der BR lehnte diesbezüglich protektionistische und wettbewerbsver-

---

[663] Vgl. Botschaft Waldschäden, 19.3.1984. In: BBl I (1984): 1096.
[664] Neben parlamentarischen Vorstössen gingen Eingaben aus den Kantonen Bern, Solothurn, Graubünden, Waadt und Wallis, dem Schweizerischen Verband für Waldwirtschaft, der Association forestière vaduoise, der Selva und der Schweizerischen Holzverwertungsgenossenschaft sowie von der Forstdirektorenkonferenz, der SBB und der Forstwirtschaftlichen Zentralstelle an den BR ein. Vgl. Botschaft Waldschäden, 19.3.1984. In: BBl I (1984): 1096-1097.
[665] Vgl. Botschaft Waldschäden, 19.3.1984. In: BBl I (1984): 1098.
[666] Botschaft Waldschäden, 19.3.1984. In: BBl I (1984): 1098.
[667] Vgl. Bisang 2001: 166.
[668] Vgl. Botschaft Waldschäden, 19.3.1984. In: BBl I (1984): 1105.
[669] Vgl. Botschaft Waldschäden, 19.3.1984. In: BBl I (1984): 1099.
[670] Vgl. Botschaft Waldschäden, 19.3.1984. In: BBl I (1984): 1099.
[671] Vgl. Bundesbeschluss Waldschäden, 3.5.1984. In: BBl I (1984): 1370.
[672] Vgl. Botschaft Impulsprogramm Holz, 1.5.1985. In: BBl II (1985): 166-184.

zerrende Subventionen ab, weshalb die Gelder des Impulsprogramms ausschliesslich in die Förderung der Aus- und Weiterbildung sowie ins Marketing der schweizerischen Wald- und Holzwirtschaft flossen.[673]

Angesichts des als sich verschlechternd wahrgenommenen Waldzustandes schlug der BR 1987 die Verlängerung und Erweiterung der ausserordentlichen Massnahmen vor.[674] Wie drei Jahre davor sah der BR in einer regelmässigen Pflege den Grundstein für stabile Wälder, weshalb sich der BR entschlossen hatte, nun nebst den bereits seit 1984 beitragsberechtigten Kategorien auch Pflegeeingriffe zu subventionieren.[675] Die Beiträge sollten jedoch nur entrichtet werden, wenn sie den Anliegen des Natur- und Heimatschutzes Rechnung tragend zur Heranbildung von naturnahen Beständen dienten.[676] Die Beiträge an die Jungwaldpflege beliefen sich je nach Finanzkraft des Kantons auf 30-60 % der Kosten.[677] Mit Sprechung von Beiträgen an die Waldpflege folgten die Bundesbehörden noch immer der Idee, dass einzig ein gepflegter Wald ein guter Wald sei, erstmals aber subventionierten sie die Pflege nicht mehr nur indirekt über die Anlage von Wegbauten.

7.4 Inhalt und Genese des eidgenössischen Waldgesetzes von 1991

Bereits 1917, also nur 15 Jahre nach Inkrafttreten des FPoG von 1902, wünschte der Schweizerische Forstverein eine Totalrevision des Gesetzes. Allerdings stiess er bei den Bundesbehörden diesbezüglich auf kein Gehör.[678] Erst anlässlich der Revision des FPoG von 1945 entschied der BR, sich aufgrund der Dringlichkeit und Wichtigkeit und in Anbetracht der Langwierigkeit des Prozesses einer Totalrevision des FPoG anzunehmen.[679] Nur zehn Jahre später gab der BR den Teilrevi-

---

[673] Vgl. Botschaft Impulsprogramm Holz, 1.5.1985. In: BBl II (1985): 167.
[674] Vgl. Botschaft Walderhaltung, 25.11.1987. In: BBl I (1988): 289-304.
[675] Vgl. Botschaft Walderhaltung, 25.11.1987. In: BBl I (1988): 290-293.
[676] Vgl. Botschaft Walderhaltung, 25.11.1987. In: BBl I (1988): 295. Zum Prinzip des naturnahen Waldbaus vgl. Kapitel 7.4.
[677] Vgl. Botschaft Walderhaltung, 25.11.1987. In: BBl I (1988): 303. Der Bundesbeschluss wurde 1988 von der Bundesversammlung verabschiedet. Vgl. Bundesbeschluss Walderhaltung, 23.6.1988. In: BBl II (1988): 1150-1152.
[678] Vgl. Zimmermann 1998: 107.
[679] Vgl. Botschaft Abänderung Forstpolizei, 19.1.1945. In: BBl I (1945): 104.

sionen einer Totalrevision den Vorzug, da er die Grundkonzeption des FPoG noch immer als zeitgemäss betrachtete und allfällige Lücken durch Teilrevisionen schneller behoben werden könnten.[680] 1968 anlässlich der Diskussion um die Förderung der Forstwirtschaft ging der BR schliesslich auf die Forderungen seitens des Parlaments und seitens der forstlichen Fachorganisationen ein und verfügte die Ausarbeitung einer neuen Gesamtkonzeption für die schweizerische Wald- und Holzwirtschaftspolitik.[681] Am 16. August 1971 setzte das EDI eine Expertenkommission ein, die ihren Bericht 1975 vorlegte, auf dessen Inhalt an späterer Stelle eingegangen wird.[682] Die Gesamtkonzeption bot zwar die Grundlage zur Totalrevision, dennoch wurde das Thema wiederum von den Geschäftslisten der politischen Entscheidungsträger gestrichen.[683] Nachdem der Ständerat 1981 den Antrag auf eine zügige Revision des FPoG abgewiesen hatte, knüpfte der BR diese an die Revision der Aufgabenverteilung zwischen Bund und Kanton, was einem erneuten Aufschub gleichkam.[684] Erst die Sondersession zur Waldsterbedebatte 1985 brachte die Wende und das Parlament verpflichtete den BR per Motion zur Ausarbeitung eines Gesetzesentwurfs.[685] Nach dem Vernehmlassungsverfahren, in dem der Entwurf zur Stellungnahme an die Kantone, politischen Parteien und interessierten Organisationen versendet wurde, präsentierte der BR der Bundesversammlung 1988 seinen Entwurf.[686]

Der Bericht der Expertenkommission von 1975 formulierte als Ziel einer Gesamtkonzeption die Schaffung und Erhaltung eines Waldzustandes, „[…] der eine wirtschaftlich sinnvolle Erfüllung der verschiedenen Funktionen des Waldes erlaubt."[687] Dadurch schlug die Expertenkommission vor, nicht mehr eine maximale, sondern eine optimale Erfüllung der Waldfunktionen unter der Berücksichtigung einer Kosten-Nutzen-Analyse anzustreben.[688] Der Bericht verwies

---

[680] Vgl. Zimmermann 1998: 107.
[681] Vgl. Botschaft Förderung, 28.8.1968. In: BBl III (1968): 398-399; Zimmermann: Waldgesetz. 1998: 1067.
[682] Vgl. Eidgenössisches Oberforstinspektorat 1975.
[683] Vgl. Zimmermann 1998: 107.
[684] Vgl. Zimmermann 1998: 107.
[685] Vgl. Zimmermann 1998: 107.
[686] Vgl. Botschaft Waldgesetz, 29.5.1988. In: BBl III (1988): 178-179.
[687] Eidgenössisches Oberforstinspektorat 1975: 331.
[688] Vgl. Eidgenössisches Oberforstinspektorat 1975: 331.

zudem auf das abnehmende wirtschaftliche Interesse der Waldeigentümer und die daraus folgende vernachlässigte Pflege und Unternutzung der Wälder.[689] Deswegen müsse auch der Begriff der Nachhaltigkeit insofern angepasst werden, als dass darunter nicht mehr das Ansparen von Holzvorräten, sondern die Pflege des Waldes zu verstehen sei.[690] Ein Wald könne dann als nachhaltig bezeichnet werden, wenn er seine Funktionen nachhaltig erfülle.[691] Diesbezüglich forderte die Expertenkommission eine allgemeine Bewirtschaftungspflicht, staatliche Hilfe bei Strukturverbesserungen der Forstbetriebe sowie Massnahmen zum Schutz der Forstwirtschaft im Falle von Handelsstörungen und Naturereignissen.[692] Auch in Bezug auf die Aufforstung forderte der Bericht eine Abkehr von der Annahme, dass jede Neuaufforstung eine positive Entwicklung sei.[693] Durch eine unüberlegte Aufforstungspolitik könne so der „Gesamtaspekt der Landschaft als auch der Wert für Erholung und Tourismus beeinträchtigt werden.“[694] Durch Aufforstungen könnten gar wertvolle oder seltene Biotope zerstört werden oder die für den Tourismus und die Erholung der lokalen Bevölkerung wichtigen Skigebiete erschwert werden.[695] Daher forderte die Expertenkommission eine Bewilligungspflicht für Neuaufforstungen.[696] Bei erwünschten Aufforstungen und in Anbetracht der natürlichen Verjüngung müsse zudem das Wildschadenproblem angegangen werden, wobei die Expertenkommission die Reduzierung des Wildbestandes als geeignetes Mittel betrachtete.[697] Einige dieser Forderungen, wie zum Beispiel die Subventionierung der Waldpflege als Grundlage für eine nachhaltige Bewirtschaftung, wurden bereits vor der Totalrevision des FPoG umgesetzt, die Botschaft des BR zum neuen Waldgesetz zeigt jedoch, dass er seinen Entwurf auch dreizehn Jahre später auf die Erkenntnisse der Studie abstützte.[698]

---

[689] Vgl. Eidgenössisches Oberforstinspektorat 1975: 333-336.
[690] Vgl. Eidgenössisches Oberforstinspektorat 1975: 336.
[691] Vgl. Eidgenössisches Oberforstinspektorat 1975: 336.
[692] Vgl. Eidgenössisches Oberforstinspektorat 1975: 380-381.
[693] Vgl. Eidgenössisches Oberforstinspektorat 1975: 335.
[694] Eidgenössisches Oberforstinspektorat 1975: 335.
[695] Eidgenössisches Oberforstinspektorat 1975: 335.
[696] Vgl. Eidgenössisches Oberforstinspektorat 1975: 380.
[697] Vgl. Eidgenössisches Oberforstinspektorat 1975: 354.
[698] Vgl. Botschaft Waldgesetz, 29.5.1988. In: BBl III (1988): 177-178.

Das Vernehmlassungsverfahren zum neuen eidgenössischen Waldgesetz von 1991 zeigte nicht nur ein gesteigertes öffentliches Interesse am Wald – so äusserten sich etwa auch Sportverbände –, sondern verwies insbesondere auch auf unterschiedliche Nutzungsansprüche.[699] Während sich Verbände der Waldwirtschaft gegen eine allgemeine Bewirtschaftungspflicht äusserten, forderten dies die Verbände der Holzwirtschaft nachdrücklich.[700] Letztere sprachen sich ebenfalls für die Möglichkeit einer grossflächigeren, rationelleren Nutzung aus, was wiederum den Interessen der Natur- und Umweltschutzverbände zuwider lief. Für diese war bereits der Entwurf zu wirtschaftsfreundlich, weshalb sie die gesetzliche Verankerung der Natur- und Landschaftsschutzfunktion forderten.[701] Das eidgenössische Waldgesetz von 1991 präsentiert sich denn auch als Versuch, den vielfältigen Interessen Rechnung zu tragen. Folgend soll in Kürze auf grundlegende Veränderungen eingegangen werden.

Bereits der Ingress offenbart ein Novum, indem das Gesetz nicht mehr allein auf den Verfassungsartikel betreffend die Oberaufsicht des Bundes über die Forstpolizei, sondern auch auf die Natur- und Umweltschutzartikel (Artikel 24sexies und 24septies) sowie auf den Wirtschaftsartikel (Artikel 31bis) abgestützt ist.[702] An der Erhaltung der regionalen Waldfläche, wie sie die Vollziehungsverordnung von 1965 vorschrieb, wurde festgehalten, allerdings wurde diese, indem ebenfalls Massnahmen zur dauernden Erfüllung der Nutz-, Schutz- und Wohlfahrtsfunktion festgeschrieben wurden, um ein qualitatives Element erweitert. [703] Somit wurden gleichzeitig auch die Forderungen der Expertenkommission nach einem neuen Nachhaltigkeitsbegriff erfüllt.[704] Zweck des Gesetzes war weiter der Schutz des Waldes als naturnahe Lebensgemeinschaft.[705] Hiermit strebten die Bundesbehörden den Erhalt von Lebensbedingungen der ursprünglichen Flora und

---

[699] Zu den Stellungsnahmen vgl. Botschaft Waldgesetz, 29.5.1988. In: BBl III (1988): 185-186.

[700] Vgl. Botschaft Waldgesetz, 29.5.1988. In: BBl III (1988): 185.

[701] Vgl. Botschaft Waldgesetz, 29.5.1988. In: BBl III (1988): 185-186.

[702] Vgl. Waldgesetz, 4.10.1991. In: BBl III (1991): 1385.

[703] Vgl. Waldgesetz, 4.10.1991. In: BBl III (1991): 1385.

[704] Nachhaltigkeit bedeutete die Bewirtschaftung der Wälder in einer Art, welche die dauernde und uneingeschränkte Erfüllung der Waldfunktion ermöglichte. Vgl. Waldgesetz, 4.10.1991. In: BBl III (1991): 1390.

[705] Vgl. Waldgesetz, 4.10.1991. In: BBl III (1991): 1385.

Fauna im Sinne des Naturschutzes, den Erhalt von Lebensräumen im Sinne des Biotopschutzes und den Erhalt von Landschaften in ihrer Eigentümlichkeit im Sinne des Landschaftsschutzes an.[706] Die gesetzliche Verankerung des naturnahen Waldbaus sei, so Jean-Philippe Schütz, zudem als Anerkennung der Multifunktionalität des Waldes zu werten:

„Ihr [die Multifunktionalität, Anmerkung der Autorin] deklariertes Ziel ist, naturnah zusammengesetzte, strukturierte und differenzierte, aber nachhaltig funktionierende Mischwälder anzustreben, welche aber gleichzeitig eine hohe Wertschöpfung in der Holzproduktion ermöglichen." [707]

Leitgedanke des naturnahen Waldbaus ist, dass die Nutzung zugleich einen pflegerischen Eingriff darstellt und sich dadurch die Walderneuerung nachhaltig und kontinuierlich einstellt.[708] Nach Meinung des BR könne deshalb der Wald nur dann wie gewünscht erhalten bleiben, wenn genügend und leistungsfähige Forstbetriebe bestünden.[709] Daher wurde auch die Förderung der Waldwirtschaft im neuen Waldgesetz verankert.[710] Ebenfalls neu war die Aufhebung der Kategoriepaare Schutzwald-Nichtschutzwald sowie Privatwald-öffentlicher Wald, stattdessen schrieb das Gesetz eine Bewirtschaftung in Bezug auf die Erfüllung der Funktionen und in Abhängigkeit des Waldzustandes vor.[711] Zudem schuf das Waldgesetz die Möglichkeit, zur Erhaltung der Artenvielfalt sogenannte Waldreservate auszuscheiden.[712] Auf eine gesetzliche Regelung des Wildbestandes wurde infolge der Einwände von Vertretern der Jagdvereine und angesichts des revidierten Jagdgesetzes verzichtet, die Vollziehungsverordnung von 1992 hielt allerdings fest, dass im Falle von Wildschäden trotz Regulierung

---

[706] Botschaft Waldgesetz, 29.5.1988. In: BBl III (1988): 188.

[707] Schütz 1999: 479. Zum Konzept des naturnahen Waldbaus vgl. auch Bode/Honhorst 1994.

[708] Vgl. Schütz 1999: 479.

[709] Vgl. Botschaft Waldgesetz, 29.5.1988. In: BBl III (1988): 188.

[710] Vgl. Waldgesetz, 4.10.1991. In: BBl III (1991): 1385.

[711] Falls es der Zustand der Wälder zuliess, konnte aus ökologischen oder landschaftlichen Gründen auf eine Pflege und Nutzung verzichtet werden. Einzig wo es die Schutzfunktion erforderte, mussten die Kantone eine minimale Pflege sicherstellen. Vgl. Waldgesetz, 4.10.1991. In: BBl III (1991): 1390.

[712] Vgl. Waldgesetz, 4.10.1991. In: BBl III (1991): 1390.

des Bestandes ein Konzept zur Wildschadenverhütung auszuarbeiten sei.[713]

Auch bezüglich der Vergabe von Subventionen nahmen die Bundesbehörden massgebende Änderungen vor. Neben verpflichtenden Abgeltungen führte das Waldgesetz auch die Kategorie der Finanzhilfen ein, welche nur soweit geleistet werden sollten, wie es der Bundeshaushalt zuliess.[714] Unter die erste Kategorie fielen Massnahmen zum Schutz vor Naturereignissen (Subventionsansatz bis zu 80 %), Massnahmen zur Verhütung und Behebung von Waldschäden (Subventionsansatz bis zu 60 %) sowie befristete Massnahmen zur Bewirtschaftung in Wäldern mit Schutzfunktionen (Subventionsansatz von bis zu 80 %).[715] Sowohl die Massnahmen zum Schutz vor Naturereignissen wie auch betreffend die Bewirtschaftung von Waldungen mit Schutzwaldcharakter waren an die Bedingung der Pflege geknüpft.[716] Somit wurden die in den 1980er-Jahren aufgrund der Waldsterbedebatte eingeführten, befristeten Beiträge für Pflegemassnahmen gesetzlich verankert. Neu waren zudem die Beiträge für die Erstellung von Gefahrenkatastern und Frühwarndiensten.[717] Bemerkenswert ist weiter, dass die verpflichtenden Bundesbeiträge an die Errichtung von Weganlagen abgeschafft und nur noch im Rahmen von Finanzhilfen Beiträge gewährt wurden, zudem mussten die Weganlagen auf eine naturnahe Waldgemeinschaft Rücksicht nehmen.[718] Der Bund unterstützte durch Finanzhilfen zudem die Gewinnung von forstlichem Vermehrungsgut, Massnahmen, die aus Gründen des Naturschutzes besonders aufwendig waren, befristete gemeinsame Massnahmen der Wald- und Holzwirtschaft sowie den Unterhalt von Waldreservaten.[719]

---

[713] Vgl. Botschaft Waldgesetz, 29.5.1988. In: BBl III (1988): 186; Waldverordnung, 30.11.1992 vgl. http://www.admin.ch/opc/de/classified-compilation/19920310/index.html (2.10.2014).

[714] Vgl. Botschaft Waldgesetz, 29.5.1988. In: BBl III (1988): 207.

[715] Vgl. Waldgesetz, 4.10.1991. In: BBl III (1991): 1393-1394.

[716] Vgl. Waldgesetz, 4.10.1991. In: BBl III (1991): 1393-1394.

[717] Vgl. Waldgesetz, 4.10.1991. In: BBl III (1991): 1394.

[718] Vgl. Waldgesetz, 4.10.1991. In: BBl III (1991): 1394.

[719] Die Finanzhilfe betrug maximal 60 % der Kosten. Vgl. Waldgesetz, 4.10.1991. In: BBl III (1991): 1394-1395

7.5 Grundsätze und Subventionsleistungen des kantonalen Waldgesetzes von 1997

Wie das eidgenössische Waldgesetz erfuhr auch das bernische Waldgesetz eine Erweiterung der Zweckbestimmung. Neben der Erhaltung sowie der Förderung der Schutz- und Wohlfahrtsfunktion diente das Waldgesetz von 1997 auch der wirtschaftlichen Förderung der einheimischen Holzproduktion sowie der Sicherstellung der Holzversorgung.[720] Auch die bernische Waldpolitik war darauf ausgerichtet, den Gesundheitszustand des Waldes zu verbessern, wozu eine naturnahe Bewirtschaftung vorgeschrieben wurde.[721] Der GR ging so weit, festzuhalten, dass nur eine naturnahe Bewirtschaftung die nachhaltige Erfüllung der Waldfunktion sicherstelle.[722] Damit verankerte auch das bernische Parlament die neue Konzeption der Nachhaltigkeit. Den Naturschutz förderte der GR zudem dadurch, dass er die Gemeinden verpflichtete, für einen ökologischen Ausgleich im Wald zu sorgen.[723] Weiter gab das kantonale Waldgesetz die Erstellung von WP zugunsten von Regionalen Waldplänen auf, in denen die Koordination mit der Raumplanung sichergestellt wurde.[724] An Massnahmen, welche durch Staatsbeiträge gefördert wurden, beteiligte sich der Kanton mit maximal 50 % der Kosten.[725] Darüber hinaus unterstützte er weitere Massnahmen, wie die Anlage und den Unterhalt der Waldstrassen, waldbauliche Eingriffe wie etwa die Waldverjüngung, die Pflege und die Durchforstungsmassnahmen, ebenfalls mit Beiträgen bis maximal 50 % der Kosten.[726] Allgemein lässt sich sagen, dass im Gegensatz zum kantonalen Waldgesetz von 1973 die Totalrevision von 1997 stärker auf Aspekte der Raumplanung sowie des Natur- und Umwelt-

---

[720] Vgl. Kantonales Waldgesetz, 5.1.1997. In: BaG 12 (1997): 1.

[721] Vgl. Kantonales Waldgesetz, 5.1.1997. In: BaG 12 (1997): 1-3.

[722] Vgl. Kantonales Waldgesetz, 5.1.1997. In: BaG 12 (1997): 3.

[723] Vgl. Kantonales Waldgesetz, 5.1.1997. In: BaG 12 (1997): 4. Das Ziel des ökologischen Ausgleichs besteht in der Förderung der Artenvielfalt, der schonenden Bodennutzung sowie der Einbeziehung der Natur in das Landschaftsbild. Der ökologische Ausgleich steht somit in enger Beziehung mit der Schaffung von Waldreservaten. Zum Begriff des ökologischen Ausgleichs vgl. http://www.bafu.admin.ch/landschaft/00522/01649/01650/index.html?lang=de (2.10.2014).

[724] Vgl. Kantonales Waldgesetz, 5.1.1997. In: BaG 12 (1997): 2.

[725] Vgl. Kantonales Waldgesetz, 5.1.1997. In: BaG 12 (1997): 8.

[726] Vgl. Kantonales Waldgesetz, 5.1.1997. In: BaG 12 (1997): 8-9; Kantonale Waldverordnung, 29.10.1997. In: BaG 12 (1997): 6-7.

schutzes einging, während die Aufforstungstätigkeit in den Hintergrund rückte.

7.6 Gantrischgebiet

7.6.1 Bewirtschaftungsgrundsätze und Wirtschaftsziele

Die Formulierung der Wirtschaftsziele für das Gantrischgebiet im Zeitraum von 1973 bis 1997 zeigt die Entwicklung hin zur Vorstellung der Multifunktionalität des Waldes. In den Staatswaldungen des Forstkreises XVIII sowie in den Gemeindewaldungen von Guggisberg und Rüschegg bildeten in den 1970er-Jahren noch stabile Bestände und Erträge die Grundlage der Bewirtschaftung.[727] Erstere implizieren die Vorstellung, dass nur eine gesunde, beständig gepflegte und dauerhafte Bestockung die Schutzfunktion erhalten kann. Wie bereits in allen vorangegangenen Perioden galt auch in dieser die Erzielung grösstmöglicher Erträge respektive Gewinne als Grundsatz.[728] In den WP der Staatswaldungen des Forstkreises VII und der Wattenwiler Waldungen trat dagegen bereits 1976 neben die Produktion von Holz auch die Erhaltung der Arbeitsplätze in der Region.[729] In der Folge sprachen die WP nicht mehr von der Erwirtschaftung von Gewinnen, sondern vom Ausschöpfen des Produktionspotenziales, welches sowohl die „Ernte des […] umweltfreundlichen, erneuerbaren Rohstoffes Holz" sowie die Belieferung dessen an das lokale Holzverarbeitungsgewerbe als auch den Wald als Arbeitsort umfasste.[730] Im Vergleich zur vorangegangenen Periode fungierte nun neu auch die Wohlfahrtsfunktion als Betriebsziel. Der Erholungswert des Waldes sollte erhalten bleiben, wobei gleichzeitig auch das Naturverständnis der Bevölkerung durch Öffentlichkeitsarbeit seitens des Forstdienstes gefördert werden soll-

---

[727] Vgl. WP Staatswaldungen Forstkreis XVIII 1978. AWR S.N.: 27; WP Guggisberg 1979. StAB BB 01.3.18: 25; WP Rüschegg 1979. StAB BB 01.3.51: 27.

[728] Vgl. WP Staatswaldungen Forstkreis XVIII 1978. AWR S.N.: 27; WP Guggisberg 1979. StAB BB 01.3.18: 25; WP Rüschegg 1979. StAB BB 01.3.51: 27.

[729] Vgl. WP Staatswaldungen Forstkreis VII 1976. AWR S.N.: 23; WP Wattenwil 1976. StAB BB 01.3.68: 17.

[730] WP Staatswaldungen Forstkreis XVIII 1988. AWR S.N.: 18.

te.[731] Zu den Wirtschaftszielen gehörte, geknüpft an die Wohlfahrtsfunktion, ebenfalls die Erhaltung des Landschaftsbildes.[732] Der Einfluss der Natur- und Umweltschutzpolitik auf die Bewirtschaftung der Waldungen zeigt sich auch daran, dass in der Formulierung der Bewirtschaftungsvorschriften neben ökonomischen auch ökologische Überlegungen einflossen.[733] In den WP nach 1987 widmet sich zudem jeweils ein Kapitel dem Natur- und Landschaftsschutz.[734] Als Folge der Waldsterbedebatte gingen die WP ab den 1980er-Jahren ebenfalls auf die Waldgesundheit speziell ein.[735] Das forstliche Entwicklungskonzept, welches unter der Leitung der Forstinspektion Mittelland zwischen 1975 und 1976 erarbeitet wurde, hielt fest, dass innerhalb der Region das Interesse am Wald hauptsächlich in der Ausnutzung der Nutzfunktion bestehe, während der Schutz- und Erholungsfunktion überregionale Bedeutung zukomme.[736] Das primäre Ziel der Schutzfunktion lag dabei auf der Stabilisierung der Böden und im Einzugsgebiet der Wildbäche auf dem Schutz vor Erosion.[737] Die Erholungsfunktion betreffend hielt die Forstinspektion fest, dass die Schädigung des Waldes durch Besucher an mehreren besonders attraktiven Orte ein unzumutbares Ausmass angenommen habe, weshalb es kaum erstaunlich sei, dass insbesondere bei Privatwaldbesitzenden eine grosse Zurückhaltung gegenüber Erholungseinrichtungen bestehe.[738]

---

[731] Vgl. WP Staatswaldungen Forstkreis VII 1976. AWR S.N.: 24; WP Wattenwil 1976. StAB BB 01.3.68: 17; WP Staatswaldungen Forstkreis XVIII 1988. AWR S.N.: 18; WP Guggisberg 1989. AWR S.N.: 29.

[732] Vgl. WP Staatswaldungen Forstkreis VII 1976. AWR S.N.: 24; WP Wattenwil 1976. StAB BB 01.3.68: 17; WP Staatswaldungen Forstkreis XVIII 1988. AWR S.N.: 18; WP Guggisberg 1989. AWR S.N.: 29.

[733] Vgl. WP Staatswaldungen Forstkreis XVIII 1988. AWR S.N.: 19.

[734] Vgl. WP Staatswaldungen Forstkreis VII 1987. StAB BB 01.3.151: 22; WP Guggisberg 1989. AWR S.N.: 36; WP Rüschegg 1989. AWR S.N.: 35.

[735] Vgl. WP Wattenwil 1986. StAB BB 01.3.68: 18; WP Staatswaldungen Forstkreis VII 1987. StAB BB 01.3.151: 15; WP Guggisberg 1989. AWR S.N.: 26; WP Rüschegg 1989. AWR S.N.: 26.

[736] Vgl. Forstliches Entwicklungskonzept Region Schwarzwasser, [].4.1976. AWR S.N. [Rückblicke]: 12.

[737] Vgl. Forstliches Entwicklungskonzept Region Schwarzwasser, [].4.1976. AWR S.N. [Rückblicke]: 23.

[738] Vgl. Forstliches Entwicklungskonzept Region Schwarzwasser, [].4.1976. AWR S.N. [Rückblicke]: 18; 23.

Wie bereits in der vorangegangenen Periode kritisierten die Verfasser der WP, dass die Waldungen nicht nachhaltig aufgebaut seien.[739] Zur Überführung in stufige, gemischte Bestände schlugen sie daher die Betriebsart des kleinflächigen Femel oder der Plenterung vor, da sich dadurch eine ständige Verjüngung einstelle, welche sich positiv auf die Schutzwirkung und insbesondere auf den Wasserabfluss auswirke.[740] Die waldbaulichen Massnahmen betreffend stufte das Forstpersonal die Pflege- und Durchforstungseingriffe zur Erreichung der Wirtschaftsziele als prioritär ein.[741] Seit den 1980er-Jahren sprach das Forstpersonal diesbezüglich auch von naturnahem Waldbau.[742] Gemäss diesem sollte die natürliche Verjüngung gefördert werden, um eine nachhaltige Bestockung zu erreichen.[743] Als Folge davon ging die Anzahl der gesetzten Pflanzen zurück, weshalb in den Staatswaldungen des Forstkreises VII zwei und in den Burgerwaldungen der Gemeinde Rüschegg ein Pflanzengarten geschlossen wurden.[744] Defizitär war der dezentrale Pflanzengarten der Staatswaldungen sowie der Burgerwaldungen Wattenwil.[745]

---

[739] Vgl. WP Staatswaldungen Forstkreis XVIII 1978. AWR S.N.: 26; WP Wattenwil 1986. StAB BB 01.3.68: 18.

[740] Vgl. WP Wattenwil 1976. StAB BB 01.3.68: 17; WP Guggisberg 1979. StAB BB 01.3.18: 29; WP Rüschegg 1979. StAB BB 01.3.51: 28; WP Staatswaldungen Forstkreis XVIII 1988. AWR S.N.: 19.

[741] Vgl. WP Staatswaldungen Forstkreis VII 1976. AWR S.N.: 11; WP Staatswaldungen Forstkreis XVIII 1978. AWR S.N.: 27; WP Rüschegg 1979. StAB BB 01.3.51: 27; WP Wattenwil 1986. StAB BB 01.3.68: 20; WP Guggisberg 1989. AWR S.N.: 32.

[742] Vgl. WP Staatswaldungen Forstkreis VII 1987. StAB BB 01.3.151: 20; WP Wattenwil 1986. StAB BB 01.3.68: 20; WP Guggisberg 1989. AWR S.N.: 29; WP Rüschegg 1989. AWR S.N.: 28.

[743] Vgl. WP Staatswaldungen Forstkreis XVIII 1978. AWR S.N.: 25; WP Guggisberg 1989. AWR S.N.: 32; WP Rüschegg 1989. AWR S.N.: 31.

[744] Vgl. Jahresbericht des Kreisforstamtes XVIII über das Wirtschaftsjahr 1979/80, Schwarzenburg [].4.1981. StAB BB 11.1.940: 1; Jahresbericht des Kreisforstamtes XVIII über das Wirtschaftsjahr 1982/83, Schwarzenburg [].4.1984. StAB BB 11.1.940: 1; WP Staatswaldungen Forstkreis VII 1976. AWR S.N.: 13; WP Rüschegg 1979. StAB BB 01.3.51: 11.

[745] Vgl. WP Wattenwil 1976. StAB BB 01.3.68: 8; WP Staatswaldungen Forstkreis VII 1987. StAB BB 01.3.151: 9.

7.6.2 Aufforstungstätigkeit

In seinem Bericht von 1979 über die Rutsch-Aufforstungen im Forstkreis Schwarzenburg beurteilte Bachmann, damaliger Kreisförster in diesem Kreis, die Aufforstungstätigkeit folgendermassen:

„Die Aufforstungstätigkeit hat zwar stark nachgelassen, ist aber noch nicht abgeschlossen.“[746]

Insbesondere in Hinblick auf das Brachlandproblem wies er auf möglich künftige grosse Aufforstungen hin.[747] Beinahe zwanzig Jahre später stufte auch der Kreisförster Bracher die Aufforstungstätigkeit grösseren Ausmasses als nicht mehr notwendig ein, vielmehr sollte das Augenmerk auf der Hangsicherung und Verbauung liegen.[748] Als weiteres Indiz für einen Bedeutungsverlust der Aufforstungstätigkeit kann auch die Behandlung dieser in den WP angesehen werden. In den WP von Guggisberg und Rüschegg aus dem Jahr 1989 wurden die Aufforstungen nur mehr unter dem Kapitel „übriges Projektwesen“ aufgeführt.[749] Im WP über die Staatswaldungen des Forstkreises VII von 1987 fehlt der Verweis auf Aufforstungen gar gänzlich.[750] In diesem Kontext kann auch die Rodungsbewilligung zur Verbindung der Skigebiete Selital und Rüschegg gelesen werden. Nachdem die Skilifte Rüschegg AG bereits 1971 ein Rodungsgesuch gestellt hatte, dieses jedoch aufgrund der Einsprachen seitens des Forst- und des Naturschutzinspektorates zurückgezogen hatte, ersuchte das Unternehmen das EDI 1978 erneut um eine Rodungsbewilligung, diesmal für zwei unterschiedliche Varianten.[751] Wiederum erhoben das Kreisforstamt Riggisberg und der Naturschutzverband des Kantons Bern Einsprache gegen die Rodungspublikation. Kreisförster Baumgartner monierte den Umstand, dass die Rodung die 50-jährige Aufforstungstätigkeit im

---

[746] Bachmann 1979: 981.

[747] Vgl. Bachmann 1979: 981.

[748] Vgl. WP Staatswaldungen Forstkreis XVIII 1988. AWR S.N.: 20. Der WP wurde erst 1996 erstellt, galt aber rückwirkend ab 1988.

[749] Vgl. WP Guggisberg 1989. AWR S.N.: 35; WP Rüschegg 1989. AWR S.N.: 35.

[750] WP Staatswaldungen Forstkreis VII 1987. StAB BB 01.3.151.

[751] Vgl. Rodungsverfügung des EDI betreffend das Gesuch der Skilifte Rüschegg AG vom 20. März 1978, Bern 19.3.1979. StAB BB 11.2.390: 1. Zum Rodungsgesuch von 1971 vgl. Kapitel 5.2.2.

Einzugsgebiet des Schwarzwassers gefährde.[752] Der Schutz der Aufforstungen sei höher zu gewichten, weil die Regulierung des Wasserabflusses und die Verminderung der Rutschgefahr im öffentlichen Interesse liegen würden und die Arbeiten seitens des Bundes mit hohen Subventionen finanziert worden seien.[753] Auch die Einsprache des Naturschutzverbandes nahm auf die Störungen des Wasserhaushaltes und die für die Aufforstungen verwendeten öffentlichen Mittel Bezug.[754] Zudem störe die geplante Rodung das Landschaftsbild wesentlich und vermindere den Wert des Naherholungsgebietes.[755] Zwar lehnte das EDI die grössere der zwei Rodungsvariante ab, bewilligte aber die kleinere der beiden, da die „[...] standortgebundene Verbesserung [...] das Interesse an der Erhaltung der beanspruchten Waldflächen übersteigt.“[756]

Die Analyse der Aufforstungstätigkeit zeigt, dass die ausgeführten Projekte grob in zwei Kategorien eingeteilt werden können: Wiederherstellungen von Waldungen nach Sturmschäden sowie Aufforstungen im Zusammenhang mit Rutsch- und Bachverbauungen. Unter die erste Kategorie fallen die Wiederherstellungsprojekte Burgerwald in Guggisberg und Rüschegg.[757] Ebenfalls ist es nach dem Föhnsturm von 1982 sowie nach dem Sturm Vivian von 1990 zu Wiederinstandsetzungen gekommen.[758] Die Arbeiten der zweiten Kategorie bestanden in der Regel aus Unterhaltsarbeiten an den bestehenden Werken, vereinzelt aber auch aus neuen Projekte, die der Ergänzung der älteren

---

[752] Vgl. Einsprache des Kreisforstamtes VII gegen die Waldrodungspublikation der Skilifte Rüschegg AG, Riggisberg 19.5.1978. StAB BB 11.2.390: 1.
[753] Vgl. Einsprache des Kreisforstamtes VII gegen die Waldrodungspublikation der Skilifte Rüschegg AG, Riggisberg 19.5.1978. StAB BB 11.2.390: 1-2.
[754] Vgl. Einsprache des Naturschutzverbandes des Kantons Bern gegen die Waldrodungspublikation der Skilifte Rüschegg AG, Bern 19.5.1978. StAB BB 11.2.390: 1.
[755] Vgl. Einsprache des Naturschutzverbandes des Kantons Bern gegen die Waldrodungspublikation der Skilifte Rüschegg AG, Bern 19.5.1978. StAB BB 11.2.390: 2.
[756] Rodungsverfügung des EDI betreffend das Gesuch der Skilifte Rüschegg AG vom 20. März 1978, Bern 19.3.1979. StAB BB 11.2.390: 4.
[757] Vgl. Forstliches Entwicklungskonzept Region Schwarzwasser, [].4.1976. AWR S.N. [Rückblicke]: 36.
[758] Vgl. WP Staatswaldungen Forstkreis VII 1987. StAB BB 01.3.151: 6. Der WP wurde 1993 erstellt, galt aber rückwirkend ab 1987. Vgl. auch WP Staatswaldungen Forstkreis XVIII 1988. AWR S.N.: 9.

dienten.[759] Darunter fällt auf Staatswaldgebiet die Fertigstellung der Projekte Gyrisberg III, Meierisli sowie Schwarzwasser 1962, deren Baubeginn in der vorangegangenen Periode lag.[760] Weiter wurden auf Staatswaldgebiet die Entwässerungs-, Rutschsanierungs- und Aufforstungsprojekte Ladengrat, Lättlouene, Muschern und Tröli ausgearbeitet.[761] Intensive Rutschsanierungen betrieben auch die Gemeinden. So stabilisierte die Gemeinde Guggisberg mit den Projekten Aegertenwald I und II den Aegertenrutsch von 1965 sowie mit dem Projekt Senggi und Chrottenloch die Rutsche aus den Jahren 1965 und 1973.[762] In der Gemeinde Wattenwil kamen die Projekte Lehmbruch und Tiefengraben zur Ausführung sowie in der Gemeinde Rüschegg das Projekt Scheidwald.[763]

Bezüglich der Entwässerungsanlagen hob Bachmann in seinem Artikel von 1979 die Bedeutsamkeit der Unterhaltsarbeiten bei bestehenden Gräben sowie die Berücksichtigung der Technik bei der Anlegung neuer Gräben hervor.[764] Hinsichtlich letzterer haben sich die quer zum Hang angelegten Hauptgräben nicht bewährt, da diese eher zu einer Be- denn zu einer Entwässerung führten.[765] Stattdessen sollten die Gräben in der Fallinie angelegt werden, obgleich diese eher verbaut werden müssten.[766] Der WP der Burgerwaldungen Rüschegg von 1979 fordert zudem, dass die Notwendigkeit von Entwässerungsgrä-

---

[759] Vgl. Forstliches Entwicklungskonzept Region Schwarzwasser, [].4.1976. AWR S.N. [Rückblicke]: 35.

[760] Vgl. Forstliches Entwicklungskonzept Region Schwarzwasser, [].4.1976. AWR S.N. [Rückblicke]: 36; Jahresbericht des Kreisforstamtes VII über das Wirtschaftsjahr 1981/82, Riggisberg [].8.1983. StAB BB 11.1.940: 4. Zum Projekt Gyrisberg III wurde in Folge des Hochwasserereignisses von 1990 ein Nachfolgeprojekt eingereicht. Vgl. dazu Technischer Bericht des Forstingenieurs Wyler zum Aufforstungsprojekt Gyrisberg IV des Staates Bern, Längenbühl [].3.1992. AWR 8.431.2: 1-2.

[761] Die Projekte Lättlouene und Muschern liegen geographisch auf dem Gebiet der Gemeinde Guggisberg und das Projekt Tröli auf dem Gebiet der Gemeinde Rüschegg. Vgl. Planungsverband Region Schwarzwasser (Hg.): Schwarzwasser. 1977: 15-18; WP Staatswaldungen Forstkreis XVIII 1978. AWR S.N.: 14.

[762] Vgl. WP Guggisberg 1979. StAB BB 01.3.18: 13; WP Guggisberg 1989. AWR S.N.: 36.

[763] Vgl. WP Wattenwil 1976. StAB BB 01.3.68: 8; WP Wattenwil 1986. StAB BB 01.3.68: 22; WP Rüschegg 1989. AWR S.N.: 14.

[764] Vgl. Bachmann 1979: 992.

[765] Vgl. Bachmann 1979: 992.

[766] Vgl. Bachmann 1979: 992.

ben abgeklärt werden solle.[767] In den Aufforstungen wurden beinahe ausschliesslich Fichten, Weisserlen und Weisstannen gepflanzt. Die Beimischung der Letzteren wurde von den Forstwissenschaftlern auch deshalb geschätzt, weil sie durch ihre Wurzeltiefe den Boden besser zu stabilisieren vermochte als die Fichte.[768] Trotz Forderungen nach vermehrter Einbringung der Weisstanne lag das Schwergewicht der Pflanzungen wegen der Wildschäden auf der Fichte und der Weisserle.[769] In seinem Artikel von 1979 betonte Bachmann, dass bei der Ausführung auch die Veränderung des Landschaftsbildes durch die Aufforstungen zu beachten sei.[770] Durch beiläufige Massnahmen, wie die Vermeidung von schnurgeraden Aufforstungsrändern sowie der Pflanzung von Laubbäumen am Rande oder längs von Wegen, könne jedoch der Eingriff abgemildert werden.[771] Auffallend ist, dass die Wirkung der Aufforstungen vorsichtiger formuliert wurde als in den vorangegangenen Perioden. Im forstlichen Entwicklungskonzept hiess es dazu, dass der Wald die Rutschgefahr nicht völlig abzuwenden vermöge, sondern die Gefahr nur mildern könne.[772] Diese Beurteilung bestätigte sich schliesslich. Am 21. und 23. April 1987, am Ende der Schneeschmelze, geriet im Tiefengraben, im Quellgebiet der Gürbe, ein grösseres Gebiet ins Rutschen, was grosse Schäden verursachte.[773] Aufgrund des Rutsches wurden auf dem ursprünglich vollständig bewaldeten Gebiet zwei Drittel des Waldes weggerissen und zerstört.[774] Gleichfalls wurden die zuvor erstellten Bachverbauungen vernichtet und wegerodiert.[775] Als Folge wurde unter der Leitung von Ernst

---

767 Vgl. WP Rüschegg 1979. StAB BB 01.3.51: 31.
768 Vgl. Bachmann 1979: 981.
769 Vgl. WP Staatswaldungen Forstkreis XVIII 1978. AWR S.N.: 13; WP Wattenwil 1986. StAB BB 01.3.68: 7; WP Staatswaldungen Forstkreis XVIII 1988. AWR S.N.: 9; WP Guggisberg 1989. AWR S.N.: 12; WP Rüschegg 1989. AWR S.N.: 12.
770 Vgl. Bachmann 1979: 995.
771 Vgl. Bachmann 1979: 995.
772 Vgl. Forstliches Entwicklungskonzept Region Schwarzwasser, [].4.1976. AWR S.N. [Rückblicke]: 14.
773 Vgl. Bericht der Geologen Kellerhals und Haefeli zur Rutschung Tiefengraben, Bern 24.11.1987. AWOGB. S.N. [Meierisli]: 1.
774 Vgl. Bericht der Geologen Kellerhals und Haefeli zur Rutschung Tiefengraben, Bern 24.11.1987. AWOGB. S.N. [Meierisli]: 1-2.
775 Vgl. Bericht der Geologen Kellerhals und Haefeli zur Rutschung Tiefengraben, Bern 24.11.1987. AWOGB. S.N. [Meierisli]: 1-2.

Nussbaum, damaliger Präsident des Wasserbauverbands Obere Gürbe, ein Krisenstab eingerichtet, einerseits um Sofortmassnahmen einzuleiten, andererseits um ein Sanierungsprojekt auszuarbeiten.[776] Während der Ausarbeitung der Sanierungsmassnahmen zeigte sich allerdings, dass eine Erneuerung der Verbauungen den Einbezug weiterer, an die Rutschfläche angrenzende Gebiet erforderte.[777] Diese Feststellung bildete die Grundlage für das Integralprojekt Gürbe, an welchem sich Wasserbaupflichtige, Grund- und Waldeigentümer, Gemeinden und Verbände sowie kantonale und eidgenössische Fachstellen beteiligten.[778] Nur drei Jahre nach dem Rutsch trat allerdings ein weiteres schweres Naturereignis ein. Am 29. Juli 1990 entlud sich im Gantrischgebiet ein starkes, von Hagel begleitetes Gewitter, welches die Gürbe dermassen anschwellen liess, dass diese sowohl im Gebirge durch Rutsche und Murgänge als auch in der Talsohle durch Überschwemmungen grosse Schäden verursachte.[779] Der Ingenieurbericht leitete aus dem Ereignis konkrete Forderungen ab:

„Es [das Hochwasserereignis von 1990, Anmerkung der Autorin] zwingt unweigerlich dazu, manches neu zu überdenken und hat entsprechend auch nachhaltige Auswirkungen auf das Integralprojekt zur Folge.“ [780]

Bezüglich der Sanierung des Waldgebietes wurde ein stufiger, gemischter Gebirgsplenterwald angestrebt, da dieser einen verstärkten Beitrag zur Verbesserung des Wasserhaushaltes leisten konnte.[781] Neben der Wiederinstandsetzung der Waldfläche mit standortgemässer Bestockung, sollten durch Durchforstungs- und Entlastungshiebe die Rutschflächen stabilisiert sowie die natürliche Verjüngung eingeleitet

---

[776] Vgl. Bericht der Geologen Kellerhals und Haefeli zur Rutschung Tiefengraben, Bern 24.11.1987. AWOGB. S.N. [Meierisli]: 2.

[777] Vgl. Integralbericht Gürbe der Ingenieurgemeinschaft, [Bern] 20.12.1991. AWOGB. S.N. [Meierisli]: 2.

[778] Vgl. Integralbericht Gürbe der Ingenieurgemeinschaft, [Bern] 20.12.1991. AWOGB. S.N. [Meierisli]: 2.

[779] Vgl. Bundesamt für Wasser und Geologie (Hg.): Gürbetal. 2004: 2.

[780] Vgl. Integralbericht Gürbe der Ingenieurgemeinschaft, [Bern] 20.12.1991. AWOGB. S.N. [Meierisli]: 11.

[781] Vgl. Integralbericht Gürbe der Ingenieurgemeinschaft, [Bern] 20.12.1991. AWOGB. S.N. [Meierisli]: 15.

und gefördert werden.[782] Da im Untersuchungsbericht in Bezug auf die Waldwirkung festgestellt wurde, dass die alten Nadelholzbäume gar rutschbeschleunigend wirken konnten, sollten im Sanierungsprojekt vor allem Weisstannen und Laubhölzer berücksichtigt werden.[783] Dies bedingte, dass der Schalenwildbestand reduziert werden musste.[784] Am 30. Juni 1993 stimmte der RR dem Sanierungskonzept zu und beauftragte die Bau-, Verkehrs- und Energiedirektion sowie die Volkswirtschaftsdirektion, die Umsetzung des Projektes auszuführen.[785] Die Arbeiten wurden schliesslich 2009 abgeschlossen.[786] Die Analyse der waldbaulichen Ziele und Massnahmenkataloge des Integralprojektes zeigt jedoch, dass das Hochwasserereignis diesbezüglich nicht zu einer grundlegenden Änderung der Handlungsweise führte, wie dies der Integralbericht von 1991 nahelegte. Vielmehr entsprechen die Ziel- und Massnahmenformulierungen den langjährigen Forderungen des Forstpersonales.

7.6.3 Wegbau

Wiederum lag laut den WP das Schwergewicht der Investitionen auf der Anlage neuer Weganlagen.[787] Auch in den Waldungen von Rüschegg war der Wegbau, subventioniert durch Bund und Kanton, gefördert worden, allerdings fehlten aufgrund der Teuerung die Eigenmittel.[788] Gleichsam hing auch in den anderen Gebieten das Ausmass

---

[782] Vgl. Integralbericht Gürbe der Ingenieurgemeinschaft, [Bern] 20.12.1991. AWOGB. S.N. [Meierisli]: 16; Technischer Bericht des Ingenieurbüros Impuls zum Integralprojekt Meierisli, Thun, [].2.1995. AWOGB. S.N. [Meierisli]: 1.

[783] Vgl. Integralbericht Gürbe der Ingenieurgemeinschaft, [Bern] 20.12.1991. AWOGB. S.N. [Meierisli]: 10-16.

[784] Vgl. Integralbericht Gürbe der Ingenieurgemeinschaft, [Bern] 20.12.1991. AWOGB. S.N. [Meierisli]: 16.

[785] Vgl. Auszug aus dem Protokoll des RR, Bern, 30.6.1993. AWOGB. S.N. [Meierisli]: 1.

[786] Vgl. Technischer Bericht des Ingenieurbüros Impuls zur forstlichen Rutschsanierung Gürbe, Thun 15.12.2010. AWOGB. S.N. [Meierisli]: 5.

[787] Vgl. WP Staatswaldungen Forstkreis VII 1976. AWR S.N.: 8; WP Wattenwil 1976. StAB BB 01.3.68: 8; Guggisberg 1979. StAB BB 01.3.18: 10-12; WP Staatswaldungen Forstkreis XVIII 1988. AWR S.N.: 10.

[788] Vgl. WP Rüschegg 1979. StAB BB 01.3.51: 13.

der Erschliessung von der Verfügbarkeit der Kredite ab.[789] Vermehrt wurde in den WP auch auf die teils teuren Unterhaltskosten der Weganlagen verwiesen.[790] Kreisoberförster Bracher meinte hierzu, dass in Anbetracht der Kosten besser auf einzelne Wegzüge verzichtet worden wäre.[791] Die Ausgaben für den Wegunterhalt stiegen zudem durch die stärkere Beanspruchung durch Touristen.[792] In der Lageanalyse schlug der Planungsverband verschiedene Massnahmen zur Finanzierung der Weganlagen nach dem Verursacherprinzip vor.[793] Eine Abschöpfung auf dem Weg, sprich durch Zölle, beurteilte der Planungsverband aufgrund rechtlicher und psychologischer Vorbehalte als unzweckmässig.[794] Stattdessen forderte er eine Beteiligung der Touristen an den Kosten durch Parkplatz- oder ähnliche Benützungsgebühren.[795]

7.6.4 Organische und anorganische Schäden

Gemäss den WP verursachten die Wildschäden die grössten Probleme in der Bewirtschaftung.[796] Zwar wurde seitens des Forsterpersonals eine konsequente Wildschadenverhütung betrieben, da diese jedoch kostspielig und arbeitsintensiv war, beurteilte das Forstpersonal die Situation als untragbar und forderte eine Reduktion des Wildbestandes.[797] Die trotz der Präventionsmassnahmen zunehmenden Wildschäden führte Forstingenieur Bernasconi auf die Beunruhigung des Wildes durch die Touristen zurück.[798] Anfang der 1980er-Jahre trafen sich Waldbesitzende und Forstpersonal zu einer Aussprache, als Folge da-

---

[789] Vgl. WP Staatswaldungen Forstkreis XVIII 1978. AWR S.N.: 31; WP Guggisberg 1979. StAB BB 01.3.18: 27.

[790] Vgl. WP Wattenwil 1986. StAB BB 01.3.68: 6; WP Rüschegg 1989. AWR S.N.: 14.

[791] WP Staatswaldungen Forstkreis XVIII 1988. AWR S.N.: 20.

[792] Vgl. Planungsverband Region Schwarzwasser 1977: 37.

[793] Vgl. Planungsverband Region Schwarzwasser 1976: 162.

[794] Vgl. Planungsverband Region Schwarzwasser 1976: 162-163.

[795] Vgl. Planungsverband Region Schwarzwasser 1976: 162-163.

[796] Vgl. WP Staatswaldungen Forstkreis VII 1976. AWR S.N.: 28.

[797] Vgl. WP Staatswaldungen Forstkreis XVIII 1978. AWR S.N.: 18; WP Guggisberg 1979. StAB BB 01.3.18: 12; WP Wattenwil 1986. StAB BB 01.3.68: 22; WP Rüschegg 1989. AWR S.N.: 31.

[798] Vgl. WP Guggisberg 1989. AWR S.N.: 12.

von wurden mehr Tiere zum Abschuss freigegeben.[799] Die untersuchten Quellen weisen allerdings nicht auf eine Veränderung der Situation hin. Der Wildbestand stand in der Kritik, weil neben den Verjüngungsschwierigkeiten der Weisstannen nun auch die Buche und Fichte teilweise nur schwer aufgebracht werden konnten.[800] Kreisförster Baumgartner warnte daher vor der Tendenz zur Gleichförmigkeit und einer nicht standortgemässen Bestockung.[801] Schäden durch die Beweidung meldete einzig die Gemeinde Guggisberg.[802]

Die anorganische Natur betreffend werden in den WP vor allem Windwürfe erwähnt, welche beinahe jährlich Schäden verursachten.[803] Aufgrund grosser Zwangsnutzungen hervorgehoben wurden der Föhnsturm im November 1982, der Südweststurm im November 1983 sowie der Orkan Vivian, welcher im Februar 1990 wütete.[804] Die ersten zwei führten vor allem in den Staatswaldungen zu Schädigungen, wobei insbesondere Aufforstungen, unabhängig ihres Durchforstungsstandes, betroffen waren.[805] Wegen der Windwürfe rechnete das Forstpersonal mit Folgeschäden, so wurde die erhöhte Rutschungsaktivität als Folge der Entwaldung interpretiert.[806] Nebst der Windwurfgefahr verwiesen die WP vereinzelt auf Duft- und Schneedruckschäden, wobei auch hier in erster Linie die Aufforstungsbestände betroffen waren.[807]

---

[799] Vgl. Jahresbericht des Kreisforstamtes XVIII über das Wirtschaftsjahr 1980/81, Schwarzenburg [].8.1982. StAB BB 11.1.940: 4; Jahresbericht des Kreisforstamtes VII über das Wirtschaftsjahr 1982/83, Riggisberg im Herbst 1984. StAB BB 11.1.941: 1.

[800] Vgl. Jahresbericht des Kreisforstamtes VII über das Wirtschaftsjahr 1981/82, Riggisberg [].8.1983. StAB BB 11.1.940: 1.

[801] Vgl. WP Staatswaldungen Forstkreis VII 1976. AWR S.N.: 23.

[802] Vgl. WP Guggisberg 1979. StAB BB 01.3.18: 12.

[803] Vgl. WP Wattenwil 1976. StAB BB 01.3.68: 7; WP Staatswaldungen Forstkreis XVIII 1978. AWR S.N.: 14; WP Guggisberg 1979. StAB BB 01.3.18: 8.

[804] Vgl. Jahresbericht des Kreisforstamtes VII über das Wirtschaftsjahr 1982/83, Riggisberg im Herbst 1984. StAB BB 11.1.941: 1; WP Rüschegg 1989. AWR S.N.: 27; WP Staatswaldungen Forstkreis XVIII 1988. AWR S.N.: 20.

[805] Vgl. Jahresbericht des Kreisforstamtes VII über das Wirtschaftsjahr 1982/83, Riggisberg im Herbst 1984. StAB BB 11.1.941: 1.

[806] WP Rüschegg 1989. AWR S.N.: 27; WP Staatswaldungen Forstkreis XVIII 1988. AWR S.N.: 20.

[807] Vgl. WP Staatswaldungen Forstkreis VII 1976. AWR S.N.: 22; WP Guggisberg 1979. StAB BB 01.3.18: 12.

7.6.5 Rückblick: Zeitgenössische Einschätzung der Bewirtschaftungsverhältnisse

In einer ersten Phase bis Mitte/Ende der 1970er-Jahre wurde der Hiebsatz in allen Waldungen im Sinne der Vorratsreduktion erhöht, ein Trend, der nach dem Ende des Zweiten Weltkrieges eingesetzt hatte. Dennoch wurden in dieser Zeit beinahe alle Waldungen stärker genutzt als projektiert. Diese Mehrnutzungen begründeten die Verfasser der WP mit dem Hinweis auf die Zwangsnutzungen und die gestiegene Erschliessung der Wälder.[808] Einzig in den Waldungen der Gemeinde Guggisberg wurde der Hiebsatz jeweils nur knapp erreicht.[809] Im WP der Staatswaldungen des Forstkreises VIII begrüsste Kreisförster Baumgartner die erhöhte Nutzung, welche sich dank besserer Erschliessung positiv auf die Reinerträge auswirke.[810] Der Ausbau der Weganlagen wurde vom Forstpersonal auch begrüsst, da diese die Durchforstungs- und Pflegeeingriffe ermöglichten.[811] In einer zweiten Phase, die grob auf den Beginn der 1980er-Jahre datiert werden kann, wurden die projektierten Nutzungsquanten in allen Waldungen trotz Zwangsnutzungen unterschritten.[812] Im WP von Wattenwil aus dem Jahr 1986 wurde dies mit einem zu hohen Hiebsatz begründet.[813] Einerseits hatte sich die Jungwaldpflege zwar dank der finanziellen Unterstützung des Bundes intensiviert, andererseits stieg die Verunsicherung auf dem Holzmarkt infolge zunehmender Holzimporte, sinkende Exporte und grösserer Zwangsnutzungen infolge der Sturmschäden in den Jahren

---

[808] Vgl. WP Staatswaldungen Forstkreis VII 1976. AWR S.N.: 12; WP Wattenwil 1976. StAB BB 01.3.68: 8; WP Staatswaldungen Forstkreis XVIII 1978. AWR S.N.: 7; WP Rüschegg 1979. StAB BB 01.3.51: 12.

[809] Vgl. WP Guggisberg 1979. StAB BB 01.3.18: 12.

[810] Vgl. WP Staatswaldungen Forstkreis VII 1976. AWR S.N.: 29.

[811] Vgl. WP Staatswaldungen Forstkreis VII 1976. AWR S.N.: 23.

[812] Vgl. WP Wattenwil 1986. StAB BB 01.3.68: 14; WP Staatswaldungen Forstkreis VII 1987. StAB BB 01.3.151: 4; WP Staatswaldungen Forstkreis XVIII 1988. AWR S.N.: 9; WP Guggisberg 1989. AWR S.N.: 13; WP Rüschegg 1989. AWR S.N.: 13.

[813] Vgl. WP Wattenwil 1986. StAB BB 01.3.68: 7.

1982 und 1983.[814] Der Nutzungsrückgang und die Preissenkung wirkten sich ungünstig auf die Forstrechnung der Betriebe aus.[815] 1984 beklagte Kreisförster Bachmann in seinem Jahresbericht, dass einige Gemeindebetriebe bereits defizitär seien.[816] Hinzu traten die Kürzungen der Bundessubventionen zwischen 1973 und 1984, welche sich im forstlichen Bauwesen auswirkten, so dass laut Aussage Bachmanns nicht alle vorgesehenen Projekte ausgeführt werden konnten.[817] Forstingenieur Bernasconi schlug anlässlich des WP von Rüschegg aus dem Jahr 1989 vor, die Leistungen des Waldes, welche die Öffentlichkeit bisher kostenlos beanspruchte, zu verkaufen und forderte die Behörden auf, diesbezüglich politische Massnahmen einzuleiten.[818]

7.7 Synthese

Die Subventionspolitik des Bundes in Bezug auf die Waldwirtschaft war bis 1984 geprägt durch Sparmassnahmen in Zusammenhang mit dem Ausgleich des Bundeshaushaltes. Erst im Fahrwasser der Waldsterbedebatten erhöhten die Behörden die Beiträge, zeitgleich gestalteten sie auch die Subventionskategorien um. Die Lawinenverbauungen sowie die Entwässerungen und Aufforstungen in rutschgefährdeten Gebieten erhielten grössere Aufmerksamkeit, während Aufforstungen ohne speziellen Schutz- oder Wohlfahrtcharakter nicht mehr vom Bund unterstützt wurden. Die Aufforstungspolitik der Bundesbehörden operierte statt nach quantitativen nun nach qualitativen Prämissen. Gleichzeitig verankerten die Bundesbehörden die neue, auf der Erfül-

---

[814] Vgl. Jahresbericht des Kreisforstamtes XVIII über das Wirtschaftsjahr 1981/82, Schwarzenburg [].5.1983. StAB BB 11.1.940: 1; Jahresbericht des Kreisforstamtes XVIII über das Wirtschaftsjahr 1982/83, Schwarzenburg [].4.1984. StAB BB 11.1.941: 1; WP Staatswaldungen Forstkreis XVIII 1988. AWR S.N.: 9.

[815] Vgl. Jahresbericht des Kreisforstamtes XVIII über das Wirtschaftsjahr 1981/82, Schwarzenburg [].5.1983. StAB BB 11.1.940: 6.

[816] Vgl. Jahresbericht des Kreisforstamtes XVIII über das Wirtschaftsjahr 1982/83, Schwarzenburg [].4.1984. StAB BB 11.1.941: 6.

[817] Vgl. Jahresbericht des Kreisforstamtes XVIII über das Wirtschaftsjahr 1979/80, Schwarzenburg [].4.1981. StAB BB 11.1.940: 4; Jahresbericht des Kreisforstamtes XVIII über das Wirtschaftsjahr 1980/81, Schwarzenburg [].8.1982. StAB BB 11.1.940: 5; Jahresbericht des Kreisforstamtes XVIII über das Wirtschaftsjahr 1981/82, Schwarzenburg [].5.1983. StAB BB 11.1.940: 6.

[818] WP Rüschegg 1989. AWR S.N.: 27.

lung der Waldfunktionen beruhende Konzeption der Nachhaltigkeit gesetzlich. Diese Auslegung der Nachhaltigkeit ermöglichte die Finanzierung von Pflegeeingriffen, die bis dato nur indirekt über die Beiträge an den Bau von Weganlagen angestrebt und begünstigt worden war. Die Idee des naturnahen Waldbaues erforderte zudem eine vermehrte Holznutzung, weshalb auch im Gantrischgebiet die Nutzungsquanten anstiegen. Die Forstpolitik des Bundes und des Kantons Bern widerspiegelte auch die gestiegenen, teils unterschiedlichen Nutzungsinteressen am Wald. Im Sinne des Natur- und Umweltschutzes sowie der Raumplanung förderten die Behörden eine koordinierte Planung der Waldbelange. In diesem Zusammenhang ist die Aufgabe der WP pro Besitzungen zu Gunsten eines regionalen Waldplanes zu verstehen. Im Gantrischgebiet zeigte sich die zunehmende Verschränkung der Interessen auch in der Ausgestaltung der Bewirtschaftungsziele. Neben ökonomischen legten die Verfasser nun das Augenmerk auch auf ökologische Aspekte.

Die veränderte Aufforstungspolitik der Behörden wirkte sich auch im Gantrischgebiet aus, indem der Kanton kaum mehr Gebietsankäufe tätigte. Ein gewisser Bedeutungsverlust der Aufforstungstätigkeit war feststellbar. Die ausgeführten Projekte bestanden zumeist aus der Wiederinstandsetzung verlichteter Aufforstungen oder der Stabilisierung von Rutschgebieten, wobei sich die Eingriffe auf das Staatswaldgebiet und die Burgerwaldungen verteilte. Wie bei den Bewirtschaftungsvorschriften wurde auch bei der Ausführung der Aufforstungen versucht, mit gezielten Massnahmen den Interessen des Natur- und Umweltschutzes Rechnung zu tragen. Noch immer verhinderte das Ausmass der Wildschäden jedoch die effektive Umsetzung der Vorschriften. Wie in der vorangegangenen Periode lag das Schwergewicht der Investitionen auf dem Ausbau der Erschliessung, welche neben der Kostenreduktion der Holzrüstung nun touristischen Zielen diente. Die Holznutzung erfolgte, wenn nicht durch Zwangsnutzungen vorgegeben, mit Rücksicht auf den Konjunkturverlauf auf dem Holzmarkt. Je nach dem wurden die Wälder über- oder unternutzt. Die sinkenden Holzerlöse bedrängten die Forstbetriebe auch im Gantrisch zunehmend, sodass ab den 1980er-Jahre gewisse Betriebe teils defizitär wirtschafteten. Die fehlenden finanziellen Eigenmittel führten dazu, dass die waldbaulichen Massnahmen umso mehr von der Finanzierung der Bundes- und Kantonsbehörden abhingen. Als mögliche Lösung hierfür wurde seitens des Forstpersonals eine finanzielle Abgeltung der Waldleistung betreffend die Wohlfahrtswirkung vorgeschlagen.

8. Ergebnisse

8.1 Forstpolitik des Bundes und des Kantons Bern

Am Beginn des Untersuchungszeitraumes vollzog sich in der Schweiz, angeführt von den Berner Exponenten der Forstwissenschaft, ein Paradigmenwechsel in der Forstpolitik. Die Vertreter der sogenannten Nachhaltigkeitskonzeption im Zeichen des Naturhaushaltes kritisierten den Nachhaltigkeitsbegriff der Liberalen, welcher auf die Erreichung des langfristig maximalen Wertertrages ausgerichtet war. Die Nachhaltigkeitsidee im Sinne des Naturhaushaltes strebte stattdessen zwecks Sicherung der Energieversorgung für die künftige Generation nach dem höchstmöglichen Naturalertrag, sprich nach der Anhäufung eines stehenden Holzvorrates. Gemäss den Vorstellungen des Naturhaushaltes vermochte der Wald sowohl vor Klima- als auch vor Wasserextremen zu schützen. Auf diesen Prämissen fusste schliesslich auch das Abholzungsparadigma. Aufbauend auf dem bereits bekannten Holzmangelargument erlaubte die Einführung des Abholzungsparadigmas und des Alpenplagearguments den Eingriff in die Eigentumsrechte durch eine zentrale Forstpolitik. Zugleich führte die Idee der Alpenplage aber auch dazu, dass im Sinne einer Schuldfrage nur in diejenigen Gebiete eingegriffen wurde, in denen die vermeintlichen Verursacher nicht zugleich die von Umwelteinflüssen Hauptbetroffenen waren. Dies traf für die Gebiete der Alpen und Voralpen, nicht aber für das Mittelland oder etwa den Jura zu. Indem die Ursachen der Naturkatastrophen in menschlichem Handeln verortet wurden, enthielt die Aufforstungsaufforderung zudem eine moralische Verpflichtung.

Bis zur Implementierung des Bundesverfassungsartikels über die Oberaufsicht betreffend die Forst- und Wasserbaupolizei von 1874 lag die Forstpolitik in der Kompetenz der Kantone. Zwischen 1850 und 1860 erliess der GR eine Reihe von Gesetzen zur Sicherstellung einer nachhaltigen Bewirtschaftung. Pioniercharakter wies dabei die Idee der Ersatzaufforstungen auf, welche 1860 für den Kanton Bern gesetzlich verankert wurde. Wie das eidgenössische FPoG von 1876 beschränkten sich auch die kantonalen Gesetze auf die Walderhaltung und Vermehrung in der Gebirgszone. In Bezug auf die Nutzung schrieben die Forstgesetze bis und mit 1876 einen nachhaltigen Ertrag im Sinne der Naturhaushaltkonzeption vor, wobei Mehrnutzungen in den folgenden Jahren eingespart werden sollten. Das FPoG von 1876 führte, indem die traditionelle agrarische Waldnutzung, allen voran die Waldweide, als unvereinbar mit einer „guten Waldwirtschaft" bezeichnet wurde, zudem zu einer Trennung von Forst- und Landwirtschaft. Wie der Terminus „Schutzwaldausscheidung" indiziert, wurden Waldungen aufgrund ihrer geographischen Lage von der primären Funktion der Rohstoffproduktion entbunden. Stattdessen wurde ihnen eine Schutzfunktion zugesprochen. Dieser Wandel steht dabei auch in Zusammenhang mit dem Bedeutungsverlust des Rohstoffs Holz, durch den Import von Brennstoffsubstituten wie die Holzkohle sowie der Tendenz zur Elektrifizierung. Die Kategorisierung Schutzwald-Nichtschutzwald stellte sich in der Folge allerdings als persistent heraus und wurde auf eidgenössischer Ebene erst mit dem Waldgesetz von 1991 aufgehoben. Die Fokussierung auf die Schutzwaldpolitik in einer ersten Phase zeigt sich auch darin, dass Aufforstungen die einzigen waldbaulichen Tätigkeiten waren, welche von den staatlichen Behörden subventioniert wurden.

Massgebend für die Entwicklung der Forstpolitik bis Anfang der 1920er-Jahre war die Aufgabe des Alpenplagearguments ab Mitte der 1880er-Jahre. Die Ausweitung der eidgenössischen Oberaufsicht wurde einerseits durch den SFV initiiert, andererseits durch verschiedene Kantone, darunter der Kanton Bern, unter dem Hinweis, dass aufgrund des geltenden Gesetzes nicht alle Regionen von den Bundessubventionen profitieren konnten, gefordert. Dieses Vorgehen zeigt auch, dass die Kantone innert einer Frist von knapp zehn Jahren die Diskurshoheit der Bundesbehörden in forstlichen Fragen akzeptiert hatten und deren Führungsrolle nun aktiv einforderten. Die rasche Aufgabe des Alpenplagearguments nach der Einführung des Verfassungsartikels und des FPoG von 1876 legt zudem die Vermutung nahe, dass diese Argumentation zur Durchsetzung der Diskurshoheit instrumentalisiert wurde. Mit der Totalrevision des FPoG von 1902 und auf kantonaler Ebene mit der Revision des kantonalen Forstgesetzes von 1905 kann die Walderhaltungspolitik des Bundes wie auch des Kantons Bern als umfassend bezeichnet werden. Die Konzeption der Nachhaltigkeit wurde grundsätzlich beibehalten. Mit dem Verbot des Kahlschlages, zuerst begrenzt auf die Schutzwaldungen sowie die öffentlichen Waldungen und nach dem Ersten Weltkrieg ausgedehnt auf die privaten

Nichtschutzwälder, gingen die Behörden dazu über, eine bestimmte Betriebsart als nicht nachhaltig zu deklarieren. Die Forstpolitik des Bundes und des Kantons Bern waren noch immer ausgerichtet auf die Nutz- und Schutzfunktion. Dennoch wurde in der Verankerung der öffentlichen Zugänglichkeit im Schweizerischen Zivilgesetzbuch von 1907 der Grundstein für die Wohlfahrtsfunktion gelegt. Diese zweite Phase der schweizerischen Forstpolitik ist gekennzeichnet durch einen massiven Ausbau der Bundessubventionen. Neu waren die Beiträge an die Weganlagen, wodurch die Bundesbehörden, laut Bisang, von der Kausaltheorie abrückten und sich der Kielwassertheorie näherten. Die Beiträge können auch als Durchsetzung des Rationalisierungsdiskurses angesehen werden, welcher von einigen Exponenten der Forstwissenschaft seit der Krise der 1870er-Jahre propagiert wurde. Die Weganlagen sollten einerseits die Schutzleistungen des Waldes fördern, indem durch die Zugänglichkeit die Waldpflege sichergestellt wurde, andererseits boten sie aber auch die Möglichkeit zur rationelleren Ausnützung des Rohstoffs Holz. In den Worten François Walters:

„Der Förster schützt, damit der Wald besser genutzt werden kann.“[819]

Als programmatisch können die Bundesbeiträge an der Besoldung und Ausbildung des oberen und unteren Forstpersonals bezeichnet werden. Aus einem machttheoretischen Ansatz der Professionalisierungstheorie heraus betrachtet, führte dies zu einer weiteren Verdrängung von Laien durch staatlich ausgebildetes Personal.[820] Durch die Rezeption des staatlich geförderten Wissens sicherten sich die Behörden die Diskurshoheit und vermochten diese bis auf die unterste Ebene zu transportieren. Der Glaube der Verwaltungsakteure, dass die öffentliche Hand im Stande sei, die Wälder „richtiger“ zu bewirtschaften als die Privatwaldbesitzer, zeigt sich auch in der Förderung der Ankaufspolitik. Sollten gemäss FPoG von 1876 die Privatwaldbesitzer zu Aufforstungen aufgefordert werden, so wurden die kantonalen Behörden ab 1902 angehalten, die aufzuforstenden Grundstücke zu erwerben, wobei der Bund die daraus entstandenen Kosten übernahm.

[819] Walter 1996: 73.
[820] Daheim 1992.

Das kantonale Forstgesetz von 1905 sprach diesbezüglich gar von einer „Pflicht des Staates.“[821]

Die ersten zwei Phasen der eidgenössischen und kantonalen Forstpolitik waren demnach geprägt durch Eingriffe in die Eigentumsrechte sowie der Zentralisierung und Professionalisierung der Forstwirtschaft. Im Sinne des Naturhaushaltes standen dabei Nutz- und Schutzwaldpolitik im Fokus. Die Hauptgefahr drohte den Wäldern in den Augen der Verwaltungsakteure durch die privaten Eigentümer und Holzberechtigten, weshalb die staatlichen Behörden einerseits zum Schutz des Waldes Bewirtschaftungsvorschriften erliessen, andererseits versuchten, den Waldboden durch eine forcierte Ankaufspolitik in den Besitz der öffentlichen Hand zu bringen. Dieses Selbstverständnis zeigt sich auch in der Terminologie der „Forstpolizei“, deren Hauptaufgaben in der Sicherstellung der Holzversorgung und im Schutz vor Naturereignissen bestanden.[822] Die Wohlfahrtsfunktion hingegen wurde nicht in den Forstgesetzen, wohl aber im ZGB festgehalten.

Mit der Erweiterung des Aufsichtsrechts, welche sich 1921 auf eidgenössischer und 1924 auf kantonaler Ebene vollzog, kann in Bezug auf das Forstwesen der staatliche Eingriff in das Privateigentum als vollständig betrachtet werden. Gleichzeitig ging die Forstpolitik vorerst in eine sogenannte tote Phase über.[823] Obschon sowohl das FPoG von 1902 als auch das kantonale Forstgesetz 1905 in der Zwischenkriegszeit revidiert wurden, blieben die bestehenden forstwirtschaftlichen Konzeptionen grundsätzlich unverändert. Gleichwohl wirkten Diskurse auf die Forstpolitik, insbesondere auf die Subventionspolitik, ein. Infolge des Wirtschaftlichkeitsdiskures und in Abhängigkeit des Bundesfinanzhaushaltes wurden die Subventionen einerseits mehrfach gekürzt, andererseits riefen die Bundesbehörden die Kantonsbehörden auf, die Aufforstungsprojekte auf ihren Kosten-Nutzen Faktor zu überprüfen. Ebenfalls Einfluss auf die Subventionspolitik nahm der Diskurs über die Entvölkerung der Bergregionen, welcher die vormals unter dem Alpenplageargument diskreditierte Bergbevölkerung politisch rehabilitierte und zu deren Unterstützung

---

[821] Gesetz Forstwesen, 20.8.1905. In: GS 5 (1905): 121.

[822] Zum Terminus der Forstpolizei vgl. Bloetzer 1978: 68-106.

[823] Zum Konzept der toten Phase als Element des Policy Cycle vgl. Werner/Wegrich 2003. Bezogen auf die Forstpolitik vgl. Pfister/Brändli 1999: 305.

schliesslich mehr Bundesgelder in die Bergregionen fliessen sollten. Die Erhöhung der Wegbaubeiträge kann als Folge dieser Debatte angesehen werden. Gleichzeitig stellt sie aber laut Bisang auch den endgültigen Übergang von der Kausal- zur Kielwassertheorie dar. Anfang der 1930er-Jahre trat unter dem Eindruck der stetig abnehmenden Nachfrage nach Brennholz und des Preisdrucks aufgrund von Holzimporten auf Bundesebene die Förderung der Wald- und Holzwirtschaft in den Vordergrund.

Nach dem Ende des Zweiten Weltkrieges vollzogen sich unter dem Einfluss der Diskurse um Natur- und Gewässerschutz sowie des Raumplanungsdiskurses und unter dem Zeichen des Massentourismus und der Technisierung grundlegende Veränderungen in der Forstpolitik des Bundes und des Kantons Bern. Einerseits wurde die Nutz- und Schutzwaldpolitik um die Wohlfahrtsfunktion ergänzt, andererseits erfuhr auch die Schutzwaldefinition eine Erweiterung, indem insbesondere von forstwissenschaftlicher Seite auf die reinigende Wirkung der Wälder in Bezug auf die Luft und das Grundwasser hingewiesen wurde. Die Walderhaltungspolitik, bisher beschränkt auf die quantitative Menge, wurde in der Folge um die Erhaltung der regionalen Verteilung und demnach um ein qualitatives Merkmal erweitert. Gleichzeitig entdeckte auch die Raumplanung den Wald als Objekt und bereits in der revidierten Vollziehungsverordnung von 1965 galt es in Rodungsfragen die Auswirkungen auf das Orts- und Landschaftsbild zu berücksichtigen. Auf kantonaler Ebene erklärte der GR anlässlich der Revision des Forstgesetzes von 1973 alle bernischen Wälder zu Schutzwäldern, wodurch die Kategorisierung Schutzwald-Nichtschutzwald obsolet wurde. Dieser Wandel vollzog sich vor dem Hintergrund der Sturmwinde von 1967, welche insbesondere im bernischen Mittelland grosse Schäden verursachten, und war in erster Linie subventionspolitisch motiviert. Erst durch die Ausdehnung der Unterschutzstellung konnten alle Waldbesitzer im Kanton Bern von den eidgenössischen Subventionen profitieren. Auch die Aufforstungstätigkeit erfuhr bis Anfang der 1970er-Jahre einen Aufschwung, welcher einerseits in den Erfahrungen des Lawinenwinters von 1950/51, andererseits in der Wiederbestockung von landwirtschaftlich nicht mehr genutzten Flächen gründete. Als wegweisend kann auch die Neudefinition des Nachhaltigkeitsbegriffs angesehen werden. Die neue Konzeption der Nachhaltigkeit, welche sich nun nicht mehr auf die Anhäufung eines Holzvorrates, sondern auf die dauernde Erfüllung der Waldfunktionen bezog, wurde erstmals in der Vollziehungsverordnung von 1965 festgehalten. Als Folge der Abkehr von der Idee der Anhäufung eines Holzvorrates kann die Erhöhung der Subventionen an den Bau von Weganlagen interpretiert werden. Dieser neue Ansatz der nachhaltigen Waldnutzung kann als Beginn eines Prozesses betrachtet werden, welcher in den 1990er-Jahren in der gesetzlichen Verankerung des Konzepts des naturnahen Waldbaus kulminierte. Diese Entwicklung wurde massgeblich von drei Diskursen geprägt. Erstens stieg das öffentliche Interesse am Wald im Zuge der ökologischen Wende und der Bedeutungszunahme des Waldes als Ort der Erholung. In der Folge interessierte sich eine gestiegene Anzahl von Interessenverbänden für die Forstpolitik und wandten sich mit ihren Forderungen an die Bundesbehörden. Zweitens rückte die Waldsterbedebatte der 1980er-Jahre den Gesundheitszustand des Waldes in den Fokus. Neben den Erhalt der quantitativen Waldfläche in ihrer regionalen Verteilung gesellte sich nun auch die Sorge um die Beschaffenheit der Waldungen. Drittens nahmen die Behörden spätestens seit 1968 eine Strukturkrise in der Wald- und Holzwirtschaft wahr. Nach einer Phase des Aufschwungs in den 1940er und 1950er-Jahren sanken in Folge von Zwangsnutzungen und Holzimporten sowie der Konkurrenz durch Erdöl und Strom die Erlöse in der Forstwirtschaft. 1982 verwies der BR bereits auf die zunehmende Anzahl defizitärer Forstbetriebe. Das im Ingress zum eidgenössischen Waldgesetz von 1991 neben dem Verfassungsartikel betreffend die Oberaufsicht über die Forstpolizei auch auf die Natur- und Umweltschutzartikel sowie den Wirtschaftsartikel referiert wurde, kann als Ergebnis dieser Diskurse gewertet werden. Das Konzept des naturnahen Waldbaus kann durchaus als Paradigmenwechsel in der Forstpolitik interpretiert werden. Unter der Prämisse, dass jede Nutzung einem pflegerischen Eingriff gleich kommen sollte, konnten nun Pflegemassnahmen direkt subventioniert werden. Gleichzeitig verankerten die Forstgesetze der 1990er-Jahre die Idee der Waldreservate, welche also Gebiete darstellen, die dem Eingriff des Försters entzogen werden. Dadurch brach die eidgenössische und kantonale Legislative mit der seit der Einführung des FPoG von 1876 verankerten Überzeugung, dass nur ein gepflegter Wald ein guter Wald sei. Das Konzept des naturnahen Waldbaus war nicht neu, sondern wurde in der Schweiz erstmals in den späten 1920er-Jahren formuliert.[824] Dass sich der naturnahe Waldbau erst in den 1990er-Jahren politisch durchgesetzt hat, ist sicherlich der Biodiversitätsdebatte zuzuschreiben. Die vorliegende Untersuchung bestätigt aber auch die These von Otto Wildi, wonach das Konzept auch deshalb auf Resonanz stiess, weil der Nutzungsverzicht und damit die Aufgabe der kostenintensiven Schutzwaldpflege insbesondere in gebirgigen Gebieten auch in finanzieller Hinsicht eine attraktive Option darstellte.[825]

Die neue Forstpolitik wirkte sich auch auf die Aufforstungstätigkeit aus. So wurde nicht mehr jede Aufforstung als positiv angesehen, teilweise in Bezug auf das Landschaftsbild gar als unerwünscht betrachtet. Die Streichung der Bundesbeiträge für den Landankauf kann demnach auch als Abkehr von der Ankaufspolitik betrachtet werden.

8.2 Waldwirtschaft im Gantrischgebiet

Die Analyse der Bewirtschaftungsgrundsätze zeigte, dass diese in enger Beziehung mit den forstpolitischen Konzepten auf Bundes- und Kantonsebene einerseits, und dem forstwissenschaftlichen Diskurs andererseits standen.

Die Nutz- und Schutzwaldpolitik von Bund und Kanton widerspiegelnd, lag der Fokus der Bewirtschaftung im Gantrischgebiet bis zum Ausbruch des Zweiten Weltkrieges auf der Nutz- und Schutzfunktion. Die Nutzung der Wälder war ausgelegt auf die Steigerung der Produktionskraft sowie auf die Anhäufung eines Holzvorrates. Der Wirtschaftlichkeitsdiskurs der Zwischenkriegszeit zeigte sich auch in den WP, in denen zu einer rationellen und rentablen Bewirtschaftung aufgerufen wurde. In Bezug auf die Schutzfunktion wurden die Wälder im Gantrischgebiet bis circa um die Jahrhundertwende als ein schutzbedürftiges Objekt betrachtet. Die Wälder sollten also vor äusseren Gefahren geschützt werden. Erst ab dem WP von Wattenwil aus dem Jahr 1901 findet sich die Schutzfunktion im Sinne des Naturhaushaltes. Die Schutzwaldungen wurden dabei zwar nicht gänzlich, aber doch partiell vom Anspruch der Holzproduktion ausgeschlossen, indem in diesen Wäldern nur eine geringe Nutzung erlaubt wurde. Diese Nutzungseinschränkungen standen allerdings im Widerspruch mit den

[824] Vgl. Schütz 1999: 478-479.
[825] Wildi 2009: 322.

Ansprüchen der lokalen Bevölkerung, wie die Beschwerde im Fall von Guggisberg offenbarte. Der darin beklagte Holzmangel wurde von Kreisförster Nigst allerdings als Argument für die Einschränkung verwendet. Seine Replik widerspiegelt damit die Vorstellung, dass die öffentliche Hand die Wälder vor dem Zugriff der lokalen Bevölkerung schützen müsse. Die Erwähnung der Wohlfahrtsfunktion und die daraus abgeleiteten forstästhetischen Massnahmen hingen mit dem Tourismus im Gurnigel- und Längeneybad zusammen, welcher bis um Ausbruch des Ersten Weltkrieges florierte, danach aber einbrach. Dies erklärt auch, weshalb die Wohlfahrtsfunktion erst nach 1973 wieder zum Wirtschaftsziel erhoben wurde.

Neue Ansätze aus der Forstwissenschaft flossen, wie die Untersuchung etwa am Beispiel der Schädelinschen Durchforstungslehre zeigte, rasch in die Bewirtschaftung ein. Auch die neue Konzeption der Nachhaltigkeit wurde vor deren gesetzlichen Implementierung rezipiert. Seit den 1950er-Jahren wiesen die Forstingenieure auf den nicht nachhaltigen Produktionszustand der Wälder hin und rückten als Folge von der Idee der Anhäufung eines möglichst grossen Holzvorrates ab. Künftig hatten die Nutzungsquanten über dem Zuwachs zu liegen. Auch die frühen Forderungen nach einer intensiveren Jungwuchspflege und einer verstärkten Förderung der natürlichen Verjüngung als Elemente des naturnahen Waldbaus und die Erwähnung der Funktion des Waldes als Landschaftselement zeigen die rasche Rezeption neuer Konzepte auf lokaler Ebene. Dass zur selben Zeit die Unterscheidung zwischen Wirtschaftswäldern und Aufforstungen im Sinne von Schutzzonen aufrechterhalten wurde, enthüllt das Weiterbestehen des Nutz- und Schutzwaldkonzeptes der Forstgesetze um die Jahrhundertwende. Die Bewirtschaftung zwischen 1945 und 1973 bezeichnet also eine Phase der Transition. Dieser Wandel lässt sich exemplarisch am Konflikt um das Rodungsgesuch der Skilifte AG Rüschegg darstellen. Noch 1971 zog die Skilifte AG ihr Gesuch, welches eine Rodung in unmittelbarer Nähe des Aufforstungsprojekts Schwarzwasser 1962 vorsah nach Einsprachen des Naturschutzverbandes und des Kreisforstamtes zurück. Sieben Jahre später stellte das Unternehmen erneut ein Rodungsgesuch, welches schliesslich trotz Einsprachen derselben Parteien gut geheissen wurde. Dieses Vorgehen verweist auf den Bedeutungszuwachs der wirtschaftlichen Förderung des Gantrischgebietes zu Lasten der Aufforstungspolitik.

Seit den 1980er-Jahren sprachen die WP schliesslich vom naturnahen Waldbau. Bemerkenswert ist diesbezüglich auch die Ausweitung des Begriffs der Produktionspotentiales des Waldes, welcher neben der Nutzung des Rohstoffes Holz auch den Wald als Arbeitsort einschloss.

Auffallend ist, dass die aus den Bewirtschaftungsgrundsätzen abgeleiteten waldbaulichen Massnahmen eine grosse Kontinuität aufweisen. Sowohl die gewählte Betriebsart (Femel- oder Plenterhieb) als auch das Ziel (gemischte Bestände) und die Massnahmen (Durchforstung und Jungwaldpflege) blieben während des gesamten Untersuchungszeitraumes unverändert. Dass die Pflegeeingriffe erst vorschriftsmässig durchgeführt wurden, als diese von den Bundesbehörden subventioniert wurden, verweist auf eine starke diesbezügliche Abhängigkeit der Waldwirtschaft im Gantrischgebiet. Auch in Bezug auf die Holzartenwahl lässt sich eine Kontinuität erkennen. Seit den ersten WP wurde die verstärkte Einbringung der Weisstanne und der Buche gefordert und die reinen Fichtenbestände als schlecht beklagt. Abgesehen von der natürlichen Verbreitung der Fichte legen die Aussagen in den WP aber die Vermutung nahe, dass die Fichte aus wirtschaftlichen Überlegungen gleichwohl gefördert wurde. Daher kann trotz dem Schutzwaldcharakter, der den Waldungen zugesprochen wurde, daraus geschlossen werden, dass die Holzproduktion im Zentrum stand.

8.3 Aufforstungstätigkeit im Gantrischgebiet

Die vorliegende Arbeit hat gezeigt, dass im Gantrischgebiet bereits vor der Einführung des eidgenössischen FPoG von 1876 eine intensive Aufforstungstätigkeit stattgefunden hat. In dieser ersten Phase traten ausschliesslich die kantonalen Behörden als Akteur auf, indem sie Land zu Aufforstungszwecken ankauften. Die zweite Phase zwischen 1876 und 1914 kann als Hochphase der Ankaufs- und Aufforstungstätigkeit im Gantrischgebiet bezeichnet werden. Einerseits intensivierte der Kanton Bern, unter der Federführung des Kreisförsters Nigst, seine Ankaufspolitik, andererseits forsteten auch die Burgergemeinden in ihren Waldungen Streuwiesen, Waldweidweiden und Blössen auf. In der Zwischenkriegszeit liessen sich zwei Perioden erkennen. Bis circa 1925 sistierte Kreisförster Nigst Gebietsankäufe aufgrund der Sparmassnahmen während der Krise der 1920er-Jahre und meldete getreu der Weisung des EDI nur die „dringlichsten" Projekte zur Subvention an. In einer zweiten Periode zwischen 1925 und 1935 kehrten die Behörden zu ihrer Ankaufspolitik zurück. Wie ein Vergleich der zu Aufforstungszwecken benutzten Pflanzen zeigte, darf der Ankaufsstopp nicht als Gradmesser für die Aufforstungstätigkeit genommen werden, wurden doch in der ersten Periode massiv mehr Pflanzen angesetzt als in der zweiten Periode. Nach dem Zweiten Weltkrieg wurden beinahe ausschliesslich Nachtrags- und Wiederherstellungsprojekte zu älteren Aufforstungsgebieten zur Subvention vorgelegt. Zudem kam es zu Aufforstungen auf landwirtschaftlich aufgegebenen Flächen, womit die Ankaufspolitik des Kantons seinen Abschluss fand. Ab den 1970er-Jahren ist schliesslich ein Bedeutungsverlust der Aufforstungstätigkeit feststellbar. Dieser äusserte sich auch darin, dass in den WP und in den überlieferten Verwaltungsakten kaum mehr über Aufforstungen gesprochen wurde. So waren es hauptsächlich Naturereignisse – Sturmwinde, Rutschungen und Überschwemmungen –, die dazu führten, dass Aufforstungsprojekte zur Wiederbestockung in Angriff genommen wurden.

Die untersuchten Quellen legen nahe, dass es insbesondere in der Zeit bis zum Ersten Weltkrieg zu Konflikten mit der ortsansässigen respektive der bodenbesitzenden Bevölkerung gekommen ist. So finden sich gehäuft Klagen der Verwaltungsakteure, dass Projekte nicht ausgeführt werden konnten, weil die dafür benötigten Grundstücke nicht erworben werden konnten, oder dass nur geringwerte Grundstücke aufgeforstet wurden. Während sich Kreisförster Nigst bereits 1915 für die Expropriation von Grundstücken aussprach, zeigte die Untersuchung, dass sich die kantonalen Behörden erst in den 1930er-Jahren zu diesem Schritt bereit erklärten. Der Widerstand der lokalen Bevölkerung und ihrer gewählten politischen Vertreter im GR gegen den Ankauf der Schwirrenalp 1934 führte schliesslich dazu, dass der damalige Forstdirektor den Kreisförster anwies, die Ankaufspolitik zu sistieren. In der Folge unternahm die Gemeindeverwaltung Rüschegg den Versuch, eigenständig Grundstücke zu Aufforstungszwecken anzukaufen, was ihr allerdings nicht gelang. Wie die Untersuchung zeigt, war der Ankaufsstopp nur vorübergehend und die kantonalen Behörden kehrten nach dem Zweiten Weltkrieg wieder zu ihrem bisherigen Vorgehen zurück. Die Untersuchung zeigt jedoch auch, dass selbst Projekte, für welche das erforderliche Land angekauft worden war und Subventionen gesprochen waren, nicht zwangsläufig zur Ausführung kamen. Gerade in den Burgerwaldungen machte sich der Arbeitskräftemangel hierbei bemerkbar. In den für die vorliegende Arbeit untersuchten Quellen finden sich keine Hinweise, dass Aufforstungsprojekte von den kantonalen oder eidgenössischen Behörden abgelehnt worden wären.

Bezüglich der Argumentationsweise für die Aufforstungsprojekte kann eine gewisse Periodisierung vorgenommen werden. Für die Zeit bis zum Ausbruch des Ersten Weltkrieges finden sich in den Quellen Begründungen, die eindeutig den Ideen des Naturhaushaltes zugeschrieben werden können. Die Aufforstungen, so die Erklärung, schützten sowohl vor Wetter- als auch vor Wasserextremen. Interessant ist, dass dies auch die einzige Periode darstellt, in der auf den Kapitalzuwachs (durch Ankauf von Boden mit Bundessubventionen einerseits und durch den heranwachsenden Holzvorrat andererseits) der kantonalen Staatskasse verwiesen wird. Die Vermutung liegt nahe, dass diese Argumentationsweise als Reaktion auf den Rentabilitätsdiskurs auf der kantonalen Ebene zu verstehen ist. Auffällig in dieser ersten Phase sind auch die Hinweise auf die überregionale Wirkung der Aufforstung, wie sie sich zum Bespiel im Schreiben an die Forstdirektion betreffen den Ankauf der Süftenenalp finden lassen. Eine derartige Argumentation konnte für die folgenden Zeiten nicht nachgewiesen werden. Es stellt sich die Frage, inwiefern diese Darstellung motiviert ist. Bestand die Absicht der Argumentation darin, die Dringlichkeit dieser Aufforstungen zu betonen, oder darin, politische Gegner zu überzeugen? Diese Frage kann nicht abschliessend beantwortet werden, angesichts des Widerstandes gegen die Ankaufspolitik der Kantonsbehörden erscheint die Annahme einer Legitimierungsargumentation jedoch zulässig.

Nach dem Ersten Weltkrieg verschwanden die Hinweise auf die Verhütung von Wetterextremen. Stattdessen stand der Einfluss auf das Wasserregime im Fokus. Bis in die 1960er-Jahre beurteilten die Forstingenieure die Wirkung als insofern umfassend, als sie auf eine endgültige Stabilisierung der Böden und eine Verhinderung von Überschwemmungen hinwiesen. Die Kausalhypothese des Abholzungsparadigmas wurde von den Verwaltungsakteuren im Gantrischgebiet also bis in die 1960er-Jahre rezipiert, obwohl es zwischen 1927 und 1938 trotz einer intensiven Aufforstungstätigkeit zu mehreren grossen Hochwassern im Gebiet gekommen war. Erst im Verlauf der 1970er-Jahre findet sich in den untersuchten Quellen eine Relativierung der Schutzwirkung.

In Bezug auf die Techniken fällt auf, dass diese in jeder Phase als naturgemäss respektive als Nachahmung der Natur beschrieben wurden. Abgesehen von der Holzartenwahl gab dabei die Anlage von Entwässerungsgräben und insbesondere deren Unterhalt Anlass zu Kritik. Wiederholt wurde in den Quellen die Sinnhaftigkeit solcher Anlagen hinterfragt, ohne jedoch je eine Antwort auf die Frage zu geben. Das Integralprojekt Meierisli/Wattenwil stellte insofern ein Novum dar, als dass wasserbauliche und forstliche Massnahmen koordiniert und viele unterschiedliche Akteure (Wasserbauverbände, Akteure der Staatswaldungen sowie der Burger- und Korporationswaldungen) in die Planung einbezogen wurden. Die aus dem Projekt abgeleiteten waldbaulichen Massnahmen entsprachen indessen langjährigen Forderungen der lokalen Forstbehörde.

8.4 Einflussfaktoren auf die Bewirtschaftungsverhältnisse

Die Ausführung der Bewirtschaftungsvorschriften hing im Gantrischgebiet hauptsächlich von zwei Faktoren ab: dem Konjunkturverlauf auf dem Holzmarkt respektive der Subventionspolitik von Bund und Kanton sowie der Zugänglichkeit der Waldungen. Solange die Erlöse aus dem Holzverkauf einträglich waren, wurden auch die Durchforstungsarbeiten und Jungwaldpflege, welche in den WP als prioritär eingestuft wurden, ausgeführt und das vorgeschriebene Holzquantum genutzt, wobei in gut erschlossenen Wäldern mehr geholzt wurde als in abgelegenen. Sobald jedoch, ausgelöst durch Krisen auf den Absatzmärken oder steigende Importe, die Holzerlöse sanken, wurden die Nutzungsquanten nicht mehr erfüllt. In diesen Situationen zeigte sich auch die starke Abhängigkeit der Region von den staatlichen Beitragszahlungen, welche bei den Burgerwaldungen stärker ausgeprägt schien als bei den Staatswaldungen. Kamen doch in diesen Fällen einzig die subventionierten Arbeiten zur Ausführung, während insbesondere die Waldpflege zurückblieb. Diesbezüglich wirkte sich der Wandel in der Subventionspolitik in den 1980er-Jahren aus. Nachdem die Bundesbehörden die Pflegeeingriffe mit Beiträgen förderten, wurden diese vorschriftsgemäss ausgeführt. Zwischen 1914 und 1925 sowie zwischen 1945 und 1973 konnten zudem aufgrund des Arbeitskräftemangels nicht alle Arbeiten ausgeführt werden.

Massiv auf den Waldbestand wirkte sich zudem das Wildschadenproblem aus. Einerseits, weil Weisstanne und Buche kosten- und arbeitsintensive Präventionsmassnahmen erforderten und so zu Lasten anderer waldbaulichen Massnahmen Ressourcen banden, anderseits weil deswegen die Unterpflanzung mit Weisstanne teilweise gänzlich unterblieb. Trotz Aufforderungen sowohl seitens der eidgenössischen wie auch der lokalen Behörden konnte das Wildschadenproblem bis zum Ende des Untersuchungszeitraumes nicht gelöst werden.

Einen weiteren prägenden Einflussfaktor bilden die Schäden, welche durch Naturereignisse versursacht wurden, wobei insbesondere Sturmwinde, Rutschungen und Schneedruck gehäuft auftraten. Wobei neben den Schädigungen selbst auch hier die Ressourcenbindung sowie die Kompensation durch das Unterlassen weiterer Holzschläge dazu führten, dass die Bewirtschaftungsvorschriften nicht eingehalten werden konnten. Bemerkenswert ist, dass seit den 1980er-Jahren in den WP Zwangsnutzungen bei der Festsetzung der planmässigen Nutzungsquanten mit eingerechnet wurden.

9. Conclusio und Ausblick

Die erste Phase zwischen 1848 und 1924 kann als Periode der Durchsetzung der staatlichen Diskurshoheit in Forstfragen sowie der politischen Durchsetzung des Abholzungsparadigma angesehen werden. Das Gebot des nachhaltigen Ertrages im Sinne des Naturhaushaltes der Wälder erlaubte die Nutzungseinschränkungen. Diese waren anfänglich auf die Waldungen in der Hügel- und Gebirgszone beschränkt, da diesen aufgrund ihrer geographischen Lage Schutzcharakter zugeschrieben wurde. Schutzwaldungen wurden im Gegensatz zu den Nutzwaldungen aus dem freien Holzmarkt ausgeschlossen. Zudem drängten die Forstgesetze durch die Beschränkung der traditionellen agrarischen Waldnutzungen auf eine Trennung zwischen Forst- und Landwirtschaft. 1902 wurde diese dichotome Sichtweise der Nutz- und Schutzwaldkonzeption schliesslich auf das gesamte Gebiet der Schweiz ausgeweitet und gleichzeitig die Bewirtschaftung der Schutzwälder sowie der öffentlichen Nichtschutzwälder durch das Verbot des Kahlschlages weiter eingeschränkt. Nach dem Ersten Weltkrieg wurde diese Einschränkung schliesslich auch auf die privaten Nichtschutzwälder übertragen, wodurch die staatlichen Behörden in die Bewirtschaftung aller Formen des Waldeigentums eingriffen. Dies widerspiegelt aber auch die diskursive Vormachstellung des Bundes, welche sich innerhalb von 50 Jahren etabliert hatte. Anfänglich bildeten der eigenständige Ankauf von Boden sowie die Subventionen für Aufforstungen die einzigen Instrumentarien der behördlichen Nutz- und Schutzwaldkonzeption. Ab 1902 wurde dieser Katalog jedoch erweitert. So sollten nun die Beiträge an die Besoldung und den Bau neuer Waldstrassen die „richtige" Bewirtschaftung der Wälder sicherstellen.

Diese Vorstellung der „guten" Waldwirtschaft, geprägt durch das Abholzungsparadigma einerseits und die Dichotomie von Nutz- und Schutzwald andererseits, blieb auch während der zweiten Phase – der Zwischenkriegszeit – bestehen. Den Sparmassnahmen in der Subventionspolitik des Bundes und des Kantons Bern während den zwei Krisenzeiten lag keine Veränderung der Vorstellung über die Waldwirtschaft zu Grunde, vielmehr waren diese, wie dies Summermatter für den Wasserbau gezeigt hat, durch allgemeine finanzpolitische Überlegungen geprägt.[826] Auf lokaler Ebene zeigte sich allerdings, dass diese Zweiteilung aufgeweicht wurde, indem auch innerhalb der Schutzwaldungen zwischen Wirtschaftswäldern und Aufforstungsgebieten unterschieden wurde und somit die Holzproduktion in den Vordergrund rückte. Dieser Vorgang fällt zusammen mit der auf eidgenössischer Ebene postulierten Forderung der forstwirtschaftlichen Vertreter nach einem wirtschaftsfreundlicheren Forstgesetz.

Nach dem Zweiten Weltkrieg wurde der bisherige Grundsatz der Nachhaltigkeit, das Ansparen eines Holzvorrates, zu Gunsten einer funktionsorientierten Nachhaltigkeit aufgegeben. Gleichzeitig allerdings wurden die Funktionen, welche der Wald zu erfüllen hatte, ausgebaut. Einerseits wurde die Kategorie des Schutzes erweitert, andererseits die Wohlfahrtsfunktion hinzugefügt. Insbesondere Letztere stellt eine immaterielle Wertzuschreibung an den Wald dar, über deren Form der finanziellen Abgeltung damals wie heute Akteure aus Forstwirtschaft und Politik disktutieren. Trotz diesen Erneuerungen hielt der Bund jedoch an der Gliederung zwischen Nutz- und Schutzwäldern fest. Die bernischen Behörden schufen diese im revidierten Waldgesetz von 1973 zwar aus subventionspoltischen Überlegungen ab, das Instrumentarium der Subventionen blieb allerdings unverändert. Auch auf der lokalen Ebene zeigte sich ein Nebeneinander neuer und alter Konzeptionen. Daher kann die Phase zwischen 1945 und 1973 als Phase der Transition verstanden werden.

Ab den 1960er- bis in die 1990er-Jahre erfolgte in Form des naturnahen Waldbaus jedoch ein Paradigmenwechsel in der Forstpolitik des Bundes und des Kantons Bern. Anstelle der Nutzungseinschränkungen trat nun die Sicherstellung einer minimalen Pflege des Waldes. Diesem Wandel gingen drei Entwicklungen voraus. Erstens hatte die sogenannte ökologische Wende zur Folge, dass der bisher beinahe ausschliesslich forstpolitische Diskurs aufgebrochen wurde. Zu den bisher gestellten Anforderungen an das Objekt Wald wurden nun auch Fragen der Biodiversität und Artenvielfalt an die Forstpolitik herangetragen. Zweitens öffnete die Waldsterbedebatte den Blick für den Gesundheitszustand des Waldes und hinterfragte damit die bisher auf

---

[826] Vgl. Summermatter 2012: 388-390.

quantitative Merkmale ausgerichtete Walderhaltungspolitik des Bundes. Die Diskussion führte schliesslich zu einer Erweiterung des Instrumentariums der Waldbewirtschaftungspolitik, indem die Bundesbehörden erstmals Beiträge für Pflegeeingriffe sprachen und diese nicht mehr via Wegbauten sicherzustellen versuchten. Drittens förderte wohl auch die seit den 1960er-Jahren wahrgenommene Strukturkrise in der Wald- und Holzwirtschaft sowie die dadurch bedingte anwachsende Anzahl defizitärer Forstbetriebe diesen Paradigmenwechsel.

Waren laut Küchli Holzmangel und Katastrophen die Eltern der schweizerischen Forstpolitik von 1876, so kann hier die These aufgestellt werden, dass die gestiegenen an den Wald gestellten immateriellen Ansprüche und die schwierige finanzielle Lage der Forstbetriebe die Ursache des Paradigmenwechsels der 1990er-Jahre waren.[827]

Im Zusammenhang mit dem Paradigmenwechsel verlor auch die Aufforstungstätigkeit an Bedeutung. Zwar war die überschwemmungsvermindernde Wirkung zumindest im Gantrischgebiet noch immer bedeutend, jedoch wurde die direkte Kausalität ab den 1970er-Jahren im Gantrischgebiet zurückgewiesen. Neuere Studien aus der Forstwirtschaft deuten aber auch hier auf einen Wahrnehmungswandel hin.[828]

Wie eingangs dieser Arbeit erläutert, sind die Ergebnisse Resultat einer Untersuchung der Wahrnehmung und der Bewirtschaftung des Gantrischgebietes innerhalb des Verwaltungsdiskurses und in diesem Zusammenhang müssen sie auch gelesen werden. Wie die regionalen Studien darlegen, spielen naturräumliche, soziodemographische und wirtschaftliche Faktoren betreffend die Nutzungsansprüche und der daraus abgeleiteten Nutzung der Wälder eine bedeutende Rolle. Eine die regionalen Ergebnisse integrierende gesamtschweizerische Studie fehlt jedoch derzeit noch, weswegen die hier präsentierten Ergebnisse nur mit Vorsicht verallgemeinert werden können.

---

[827] Küchli 1992: 201.

[828] Vgl. Lange et al.: Hochwasserschutzwirkung. 2012: 31-34; Weinmeister: Fähigkeiten des Waldes. 2003; Mössmer: Vorbeugender Hochwasserschutz. 2003.

Die in dieser Arbeit präsentierten Ergebnisse zu dieser Frage widerspiegeln aufgrund der Quellenbasis ein sehr statisches, zentralistisches Bild der Entwicklungen. Eine detaillierte Untersuchung über die Abläufe des Informationsaustausches in den eidgenössischen und kantonalen Gremien sowie über die Interaktion zwischen gourvenementalen und nicht gourvernementalen Akteuren ist daher unerlässlich. Ebenfalls zeigt diese Untersuchung Hinweise auf einen bestehenden Zusammenhang zwischen dem Entstehen einer umweltbewussten Zivilgesellschaft und dem Paradigmenwechsel ab den 1960er-Jahren. Diesen Indizien müsste jedoch in einer eigenen Studie nachgegangen werden.

10. Quellenverzeichnis

10.1 Ungedruckte Quellen

10.1.1 Archiv der Waldabteilung 5, Riggisberg (AWR)

AWR 8.431.2	Aufforstungsprojekt Gyrisberg 1962-2002
AWR S.N.	[Akten Friedrich Nigst Divers]
AWR S.N.	[Aufforstungsprojekt Schwarzwasser 1962]
AWR S.N.	[Rückblicke]
AWR S.N.	Wirtschaftsplan Guggisberg 1892
AWR S.N.	Wirtschaftsplan Guggisberg 1903
AWR S.N.	Wirtschaftsplan Guggisberg 1917
AWR S.N.	Wirtschaftsplan Guggisberg 1923
AWR S.N.	Wirtschaftsplan Guggisberg 1989
AWR S.N.	Wirtschaftsplan Rüschegg 1989
AWR S.N.	Wirtschaftsplan Staatswaldungen 1947
AWR S.N.	Wirtschaftsplan Staatswaldungen 1957
AWR S.N.	Wirtschaftsplan Staatswaldungen 1967
AWR S.N.	Wirtschaftsplan Staatswaldungen, Forstkreis VII 1976
AWR S.N.	Wirtschaftsplan Staatswaldungen, Forstkreis XVIII 1978
AWR S.N.	Wirtschaftsplan Staatswaldungen, Forstkreis XVIII 1988

10.1.2 Archiv des Wasserbauverbandes Obere Grübe, Blumenstein (AWOGB)

AWOGB S.N.	[Meierisli]

10.1.3 Archiv Revierforstamt, Wattenwil (ARW)

ARW S.N. [Schwändli]

10.1.4 Schweizerisches Bundesarchiv, Bern (BAR)

BAR E16 Forstwesen (1849-1938)

BAR E16 1000/40 413
Eingaben der Kantone Bern, Obwalden, Nidwalden, St. Gallen und Graubünden betreffend der Subventionierung von Bodenerwerbungen für Aufforstungszwecke; Prüfung des Subventionswesens des Bundes; Beglaubigung der Monatstabellen über genehmigte Aufforstungs-, Verbau- und Wegbauprojekte; Ermittlung des Pflanzenbedarfs und -vorrats in der Schweiz für 1915/1916 (1.1.1900-31.12.1916)

BAR E16 1000/40 419
Kanton Bern: Korrespondenz über die Projekte, deren Genehmigung und die bewilligten Bundesbeiträge (1.1.1879-31.12.1901)

BAR E16 1000/40 420
Kanton Bern: Korrespondenz über die Projekte, deren Genehmigung und die bewilligten Bundesbeiträge (1.1.1902-31.12.1922)

10.1.5 Staatsarchiv Bern, Bern (StAB)

StAB BB VIa Domänen, Forstwesen, Jagd, Fischerei, Bergbau, Salzwesen (1775-1976)

StAB BB VIa 552 Bd. 1	Manual der Direktion des Innern: Verhandlungen Forstwesen (1846-1848)
StAB BB VIa 554 Bd. 3	Manual der Direktion des Innern: Verhandlungen Forstwesen (1851-1855)
StAB BB VIa 555 Bd. 4	Manual der Direktion des Innern: Verhandlungen Forstwesen (1855-1859)
StAB BB VIa 596	Forstkreis 7 (1882-1889)

StAB BB VIa 671	Amtsbezirk Schwarzenburg. Allgemeines und Verschiedenes sowie Gemeinden (1834-1873)
StAB BB VIa 906	Forstwirtschaftsetat Forstkreis Mittelland
StAB BB VIa 1207	Wirtschaftspläne über die Staatswaldungen, 7. Forstkreis (1885)
StAB BB VIa 1224	Wirtschaftspläne über die Staatswaldungen, 7. Forstkreis (1905-1906)
StAB BB VIa 1242	Wirtschaftspläne über die Staatswaldungen, 7. Forstkreis (1915)
StAB BB VIa 1254	Wirtschaftspläne über die Staatswaldungen, 7. Forstkreis (1925-1926)
StAB BB VIa 1267	Wirtschaftspläne über die Staatswaldungen, 7. Forstkreis (1935)
StAB BB VIa 1354	Wirtschaftspläne Guggisberg (1933)
StAB BB VIa 1405	Wirtschaftspläne Rüschegg (1880-1938)
StAB BB VIa 1430	Wirtschaftspläne Wattenwil (1900-1947)
StAB BB VIa 1522	Akten betreffend die Aufforstung und Verbauung im Hochgebirge (Staats-, Gemeinde und Privatwaldungen) (1879-1899)

StAB BB 11 Forstdirektion (1742 (ca.) – 1997)

StAB BB 11.1.23	Jahresberichte, Schachtel 1936-1945 (1936-1945)
StAB BB 11.1.927	Sammlung von Forstgesetzen und Erlassen (1905-1946) Akten betreffend das kantonale Forstgesetz 1905 (1881-1905)
StAB BB 11.1.934	Jahresberichte, Schachtel 1959/60-1963/64 (1949-1964)

StAB BB 11.1.936	Jahresberichte, Schachtel 1967/68-1969/70 (1967-1970)
StAB BB 11.1.937	Jahresberichte, Schachtel 1970/71-1972/73 (1970-1973)
StAB BB 11.1.938	Jahresberichte, Schachtel 1973/74-1975/76 (1973-1976)
StAB BB 11.1.940	Jahresberichte, Schachtel 1979/80-1981/82 (1979-1982)
StAB BB 11.1.941	Jahresberichte, Schachtel 1983; 1989-1993 (1983- 1993)
StAB BB 11.2.35	Wirtschaftspläne Guggisberg (1949; 1959)
StAB BB 11.2.52	Wirtschaftspläne Rüschegg (1938; 1948; 1958)
StAB BB 11.2.61	Wirtschaftspläne Wattenwil (1955; 1965)
StAB BB 11.2.389	Vermischte Regierungsratsbeschlüsse, Verordnungen, Kreisschreiben (1900-1926)
StAB BB 11.2.390	7. Forstkreis: Ausreutungen und Gegenaufforstungen (1905-1925)
StAB BB 11.2.392	Jahresberichte des Forstamtes 7 (1914-1925)

StAB BB 01 Volkswirtschaftsdirektion (1910-2010)

StAB BB 01.3.18	Wirtschaftspläne Guggisberg (1969; 1979)
StAB BB 01.3.51	Wirtschaftspläne Rüschegg (1970; 1979)
StAB BB 01.3.68	Wirtschaftspläne Wattenwil (1976; 1986)
StAB BB 01.3.151	Wirtschaftspläne Staatswaldungen, 7. Forstkreis (1986)

10.2 Gedruckte Quellen

Direktion der Domainen und Forsten des Kantons Bern (Hg.): Sammlung der Gesetze und Verordnungen über das Forstwesen für den alten Kantonstheil. Bern 1973.

Direktion der Domainen und Forsten des Kantons Bern (Hg.): Sammlung der Gesetze und Verordnungen über das Forstwesen für den bernischen Jura. Bern 1974.

Eidgenössisches Oberforstinspektorat (Hg.): Gesamtkonzeption für eine schweizerische Wald- und Holzwirtschaftspolitik. Hauptbericht der vom Eidgenössischen Departement des Innern am 16.8.1971 eingesetzten Expertenkommission. Bern 1975.

Planungsverband Region Schwarzwasser (Hg.) Entwicklungskonzept. Ziele. Bern 1976.

Planungsverband Region Schwarzwasser (Hg.): Region Schwarzwasser. Detailprogramm 1982-1987. Schwarzenburg 1977.

10.2.1 Amtliches Bulletin der Bundesversammlung

Beratung des Nationalrates betreffend Abänderung des Forstpolizeigesetzes, 25.4.1923. In: Amtliches Bulletin der Bundesversammlung, II (1923): 222-234.

Petite question urgente Barras, 18.9.1972. In: Amtliches Bulletin der Bundesversammlung, V (1972): 2451-2452.

Bundesbeschluss über Massnahmen auf dem Gebiet der Arbeitslosenversicherung und des Arbeitsmarktes zur Bekämpfung von Beschäftigungs- und Einkommenseinbrüchen, 20.6.1975. In: Amtliches Bulletin der Bundesversammlung, III (1975): 473.

Bundesbeschluss Arbeitsbeschaffungsmassnahmen, 19.3.1976. In: Amtliches Bulletin der Bundesversammlung, I (1976): 396.

10.2.2 Amtliche Sammlung der Bundesgesetze und Verordnungen

Vollzichungsverordnung zum Bundesgesetz betreffend die eidgenössische Oberaufsicht über die Forstpolizei, 1.10.1965. In: Amtliche Sammlung der Bundesgesetze und Verordnungen, 165 (166): 861-873.

10.2.3 Bundesblatt

Aus den Verhandlungen des Schweizerischen Bundesrates, 8.5.1858. In: Bundesblatt, I (1858): 522-523.

Bericht der Expertenkommission über die Ursachen und den Betrag durch die Überschwemmungen im Jahr 1868 in den Kantonen Uri, St. Gallen, Graubünden, Tessin und Wallis angerichteten Schadens, 6.3.1868. In: Bundesblatt, I (1869): 277-288.

Botschaft des Bundesrathes an die hohe Bundesversammlung, betreffend die Revision der Bundesverfassung, 17.6.1870. In: Bundesblatt, II (1870): 665-710.

Botschaft des Bundesrates an die hohe Bundesversammlung, betreffend Bewilligung eines Bundesbeitrages für Schutzbauten an Flüssen und Bächen im Hochgebirge, und Aufforstungen, 21.6.1871. In: Bundesblatt, II (1871): 880-897.

Bundesbeschluss betreffend Bewilligung eines Bundesbeitrages für Schutzbauten an Flüssen und Bächen im Hochgebirge, und Aufforstungen, 21.6.1871. In: Bundesblatt, II (1871): 8980-899.

Bericht der Expertenkommission an das Eidgenössische Departement des Innern, 25.8.1874. In: Bundesblatt, III (1874): 813-824.

Erster Bericht der ständeräthlichen Kommission über den Entwurf eines Bundesgesetzes betreffend die eidgenössische Oberaufsicht über die Forstpolizei im Hochgebirge, 17.12.1875. In: Bundesblatt, I (1876): 535-594.

Bundesgesetz betreffend die eidgenössische Oberaufsicht über die Forstpolizei im Hochgebirge, 24.3.1876. In: Bundesblatt, II (1876): 97-112.

Bundesgesetz betreffend die eidgenössische Oberaufsicht über die Wasserbaupolizei, 22.6.1877. In: Bundesblatt, III (1877): 296-302.

Botschaft des Bundesrathes an die Bundesversammlung, betreffend die Erweiterung der eidgenössischen Oberaufsicht über die Forstpolizei auf den Jura, resp. die ganze Schweiz, 1.6.1888. In: Bundesblatt, III (1888): 297-341.

Botschaft des Bundesrates an die Bundesversammlung, betreffend Zusicherung eines Bundesbeitrages an den Kanton Bern für die Verbauung und Korrektion der Gürbe, 30.8.1892. In: Bundesblatt, IV (1892): 361-380.

Botschaft des Bundesrates an die Bundesversammlung, betreffend die Revision des Art. 24 der Bundesverfassung (Erweiterung der Oberaufsicht des Bundes über die Forstpolizei), 14.11.1893. In: Bundesblatt, V (1893): 9-16.

Bundesbeschluss betreffend Revision des Art. 24 des Bundesversammlung, 19.3.1897. In: Bundesblatt, III (1897): 231-232.

Botschaft des Bundesrates an die Bundesversammlung betreffend die eidgenössische Oberaufsicht des Bundes über die Forstpolizei, 1.6.1898. In: Bundesblatt, III (1898): 545-571.

Bundesgesetz betreffend die eidgenössische Oberaufsicht über die Forstpolizei, 11.10.1902. In: Bundesblatt, IV (1902): 824-838.

Botschaft des Bundesrates an die Bundesversammlung betreffend Massnahmen zur Behebung der Arbeitslosigkeit, 30.5.1919. In: Bundesblatt III (1919): 383-395.

Bericht des Bundesrates an die Bundesversammlung über die von ihm aufgrund der Bundesbeschlüsse vom 3. August 1914 und 3. April 1919 getroffenen Massnahmen, 15.11.1919. In: Bundesblatt V (1919): 437-632.

Kreisschreiben des Bundesrates an sämtliche Kantonsregierungen betreffend Gewässerkorrektionen und Bodenverbesserungen, 11.5.1920. In: Bundesblatt, III (1920): 35-39.

Botschaft des Bundesrates an die Bundesversammlung betreffend Abänderung der Artikel 30 und 46, Ziffer 7, des Bundesgesetzes betreffend die eidgenössische Oberaufsicht über die Forstpolizei, vom 11. Oktober 1902, 12.9.1921. In: Bundesblatt, IV (1921): 25-29.

Bericht des Bundesrates an die Bundesversammlung über den Abbau der Arbeitslosenfürsorge, 18.5.1923. In: Bundesblatt, II (1923): 255-262.

Botschaft des Bundesrates an die Bundesversammlung über die Revision des Artikels 42 des Bundesgesetzes vom 11. Oktober 1902 betreffend die Oberaufsicht über die Forstpolizei, 31.7.1928. In: Bundesblatt, II (1928): 361-371.

Bundesgesetz über die Abänderung des Artikels 42 Ziffern 2 und 4, des Bundesgesetzes betreffend die eidgenössische Oberaufsicht über die Forstpolizei vom 11. Oktober 1902, 14.3.1929. In: Bundesblatt, I (1929): 378-379.

Bericht des Bundesrates an die Bundesversammlung zur Motion Baumberger über die Entvölkerung der Gebirgsgegenden, 14.11.1930. In: Bundesblatt, II (1930): 597-638.

Kreisschreiben des Bundesrates an die Kantonsregierungen über die künftige Bemessung der den Kantonen (und Gemeinden) aus Krediten des Oberbauinspektorates, der Inspektion für Forstwesen, Jagd und Fischerei und des Gesundheitsamtes zu bewilligenden Subventionen, 3.8.1932. In: Bundesblatt, II (1932): 374-379.

Botschaft des Bundesrates an die Bundesversammlung betreffend die ausserordentlichen und vorübergehenden Massnahmen zur Wiederherstellung des Budgetgleichgewichtes, 2.9.1933. In: Bundesblatt, II (1933): 197-294.

Botschaft des Bundesrates an die Bundesversammlung über Arbeitsbeschaffung und andere Krisenmassnahmen, 9.10.1934. In: Bundesblatt, III (1934): 373-461.

Botschaft des Bundesrates an die Bundesversammlung über den Ausbau der Landesverteidigung und die Bekämpfung der Arbeitslosigkeit, 7.6.1938. In: Bundesblatt, III (1936): 117-131.

Botschaft des Bundesrates an die Bundesversammlung betreffend Abänderung des Art. 26 und 42 des Bundesgesetzes vom 11. Oktober 1902 betreffend die eidgenössische Oberaufsicht über die Forstpolizei, 19.1.1945. In: Bundesblatt, I (1945): 103-107.

Botschaft des Bundesrates an die Bundesversammlung betreffend den Ersatz für Waldrodungen und Übernutzung, 24.6.1946. In: Bundesblatt, II (1946): 769-772.

Bundesgesetz über die teilweise Abänderung und Ergänzung des Bundesgesetzes betreffend die eidgenössische Oberaufsicht über die Forstpolizei, 19.12.1951. In: Bundesblatt, III (1951): 1097-1099.

Botschaft des Bundesrates an die Bundesversammlung zum Entwurf eines Bundesbeschlusses über befristete Massnahmen zur Milderung der infolge der Sturmschäden in der Waldwirtschaft entstandenen Verluste, 26.5.1967. In: Bundesblatt, I (1967): 941-958.

Botschaft des Bundesrates an die Bundesversammlung über die vermehrte Förderung der Forstwirtschaft, 28.8.1968. In: Bundesblatt, II (1968): 393-409.

Bundesgesetz über die Änderung des Bundesgesetzes betreffend die eidgenössische Oberaufsicht über die Forstpolizei, 21.3.1969. In: Bundesblatt, I (1969): 582-584.

Botschaft des Bundesrates an die Bundesversammlung über Massnahmen gegen Beschäftigungs- und Einkommenseinbrüche, 30.4.1975. In: Bundesblatt, I (1975): 1834-1874.

Botschaft über Massnahmen zum Ausgleich des Bundeshaushaltes, 9.2.1977. In: Bundesblatt, I (1977): 789-889.

Botschaft über Massnahmen zur Entlastung des Bundeshaushaltes (Sparmassnahmen 1980), 24.1.1980. In: Bundesblatt, I (1980): 477-587.

Botschaft über die befristete Weiterführung der linearen Beitragskürzung, 19.5.1982. In: Bundesblatt, II (1982): 370-377.

Botschaft über Massnahmen zur Stärkung der schweizerischen Wirtschaft, 31.1.1983. In: Bundesblatt, I (1983): 841-888.

Bundesbeschluss über zusätzliche Kredite zur Förderung der Beschäftigung, 17.3.1983. In: Bundesblatt, I (1983): 1261-1221.

Botschaft zu einem Bundesbeschluss über ausserordentliche Massnahmen gegen Waldschäden, 19.3.1984. In: Bundesblatt, I (1984): 1093-1105.

Bundesbeschluss über die finanziellen Mittel für Beiträge an ausserordentliche Massnahmen gegen Waldschäden, 3.5.1984. In: Bundesblatt, I (1984): 1370.

Botschaft über zusätzliche Massnahmen zur Förderung der Holzverwertung in den Jahren 1986-1991 (Impulsprogramm Holz), 1.5.1985. In: Bundesblatt, II (1985): 166-184.

Botschaft zu einem Bundesbeschluss über ausserordentliche Massnahmen zur Walderhaltung, 25.11.1987. In: Bundesblatt, I (1988): 289-304.

Botschaft zu einem Bundesgesetz über Walderhaltung und Schutz vor Naturereignissen (Waldgesetz, WaG), 29.5.1988. In: Bundesblatt, III (1988): 173-238.

Bundesbeschluss über ausserordentliche Massnahmen zur Walderhaltung, 23.6.1988. In: Bundesblatt, II (1988): 1150-1152.

Bundesgesetz über den Wald (Waldgesetz, WaG), 4.10.1991. In: Bundesblatt, III (1991): 1385-1400.

10.2.4 Geschäftsberichte des Bundesrates

Bericht des schweizerischen Bundesrates an die Bundesversammlung über seine Geschäftsführung im Jahr 1919. In: Geschäftsberichte des Bundesrates, 65 (1919): 1-929.

Bericht des schweizerischen Bundesrates an die Bundesversammlung über seine Geschäftsführung im Jahr 1920. In: Geschäftsberichte des Bundesrates, 66 (1920): 1-921.

Bericht des schweizerischen Bundesrates an die Bundesversammlung über seine Geschäftsführung im Jahr 1921. In: Geschäftsberichte des Bundesrates, 67 (1921): 1-1046.

Bericht des schweizerischen Bundesrates an die Bundesversammlung über seine Geschäftsführung im Jahr 1922. In: Geschäftsberichte des Bundesrates, 68 (1922): 1-931.

Bericht des schweizerischen Bundesrates an die Bundesversammlung über seine Geschäftsführung im Jahr 1926. In: Geschäftsberichte des Bundesrates 72 (1926): 1-808.

Bericht des schweizerischen Bundesrates an die Bundesversammlung über seine Geschäftsführung im Jahr 1933. In: Geschäftsberichte des Bundesrates, 79 (1933): 1-985.

Bericht des schweizerischen Bundesrates an die Bundesversammlung über seine Geschäftsführung im Jahr 1934. In: Geschäftsberichte des Bundesrates, 80 (1934): 1-990.

Bericht des schweizerischen Bundesrates an die Bundesversammlung über seine Geschäftsführung im Jahr 1935. In: Geschäftsberichte des Bundesrates, 81 (1935): 1-344.

Bericht des schweizerischen Bundesrates an die Bundesversammlung über seine Geschäftsführung im Jahr 1936. In: Geschäftsberichte des Bundesrates, 82 (1936): 1-329.

Bericht des schweizerischen Bundesrates an die Bundesversammlung über seine Geschäftsführung im Jahr 1937. In: Geschäftsberichte des Bundesrates, 83 (1937): 1-331.

Bericht des schweizerischen Bundesrates an die Bundesversammlung über seine Geschäftsführung im Jahr 1938. In: Geschäftsberichte des Bundesrates, 84 (1938): 1-341.

Bericht des schweizerischen Bundesrates an die Bundesversammlung über seine Geschäftsführung im Jahr 1946. In: Geschäftsberichte des Bundesrates, 92 (1946): 1-453.

Bericht des schweizerischen Bundesrates an die Bundesversammlung über seine Geschäftsführung im Jahr 1956. In: Geschäftsberichte des Bundesrates, 102 (1956): 1-554.

Bericht des schweizerischen Bundesrates an die Bundesversammlung über seine Geschäftsführung im Jahr 1962. In: Geschäftsberichte des Bundesrates, 107 (1962): 1-444.

Bericht über die Geschäftsführung des Bundesrates, des Bundesgerichts, des eidgenössischen Versicherungsgerichts und der Schweizerischen Verrechnungsstelle im Jahr 1972. In: Geschäftsberichte des Bundesrates, 113 (1972): 1-281.

Bericht über die Geschäftsführung des Bundesrates, des Bundesgerichts, des eidgenössischen Versicherungsgerichts und der Schweizerischen Verrechnungsstelle im Jahr 1973. In: Geschäftsberichte des Bundesrates, 114 (1973): 1-307.

Bericht über die Geschäftsführung des Bundesrates, des Bundesgerichts, des eidgenössischen Versicherungsgerichts und der Schweizerischen Verrechnungsstelle im Jahr 1974. In: Geschäftsberichte des Bundesrates, 114 (1974): 1-325.

Bericht über die Geschäftsführung des Bundesrates, des Bundesgerichts, des eidgenössischen Versicherungsgerichts und der Schweizerischen Verrechnungsstelle im Jahr 1977. In: Geschäftsberichte des Bundesrates, 116 (1977): 1-305.

Bericht über die Geschäftsführung des Bundesrates, des Bundesgerichts, des eidgenössischen Versicherungsgerichts und der Schweizerischen Verrechnungsstelle im Jahr 1978. In: Geschäftsberichte des Bundesrates, 116 (1978): 1-329.

Bericht über die Geschäftsführung des Bundesrates, des Bundesgerichts, des eidgenössischen Versicherungsgerichts und der Schweizerischen Verrechnungsstelle im Jahr 1980. In: Geschäftsberichte des Bundesrates, 117 (1980): 1-357.

Bericht über die Geschäftsführung des Bundesrates, des Bundesgerichts, des eidgenössischen Versicherungsgerichts und der Schweizerischen Verrechnungsstelle im Jahr 1981. In: Geschäftsberichte des Bundesrates, 118 (1981): 1-347.

Bericht über die Geschäftsführung des Bundesrates, des Bundesgerichts, des eidgenössischen Versicherungsgerichts und der Schweizerischen Verrechnungsstelle im Jahr 1982. In: Geschäftsberichte des Bundesrates, 118 (1982): 1-333.

10.2.5 Bernische Amtliche Gesetzessammlung

Kantonales Waldgesetz (KWaG), 5.1.1997. In: Bernische Amtliche Gesetzessammlung, 12 (1997): 1-13.

Kantonale Waldverordnung (KWaV), 29.10.1997. In: Bernische Amtliche Gesetzessammlung, 12 (1997): 1-17.

10.2.6 Gesetze, Dekrete und Verordnungen des Kantons Bern

Gesetz über die Verwaltung und Gewährleistung des Staatsvermögens, 8.8.1849. In: Gesetze, Dekrete und Verordnungen des Kantons Bern, 4 (1849): 181-193.

Reglement über das Forstexamen, 24.10.1850. In: Gesetze, Dekrete und Verordnungen des Kantons Bern, 5 (1850): 293-302.

Verordnung über die Besoldung der Bannwarte des Staates, 21.8.1850. In: Gesetze, Dekrete und Verordnungen des Kantons Bern, 5 (1850): 268-269.

Dekret betreffend die Forstverwaltung im Jura, 18.5.1851. In: Gesetze, Dekrete und Verordnungen des Kantons Bern, 6 (1851): 81-82.

Beschluss betreffend die Aufhebung von Unterförsterstellen, 5.4.1852. In: Gesetze, Dekrete und Verordnungen des Kantons Bern, 7 (1852): 66-67.

Polizeivorschriften über die forstliche Behandlung der Waldungen, sowie über Waldausreutungen, Holzschläge und Flössungen, 26.10.1853. In: Gesetze, Dekrete und Verordnungen des Kantons Bern, 8 (1853): 211-219.

Gesetz über die Errichtung von Waldwirtschaftsplänen, 19.3.1860. In: Gesetze, Dekrete und Verordnungen des Kantons Bern, 15 (1860): 62-63.

Besoldungs-Gesetz, 28.3.1860. In: Gesetze, Dekrete und Verordnungen des Kantons Bern, 15 (1860): 86-111.

Beschluss betreffend die Eintheilung der Forstreviere im Jura, 30.8.1860. In: Gesetze, Dekrete und Verordnungen des Kantons Bern, 15 (1860): 138-141.

Gesetz über die bleibenden Waldausreutungen, 1.12.1860. In: Gesetze, Dekrete und Verordnungen des Kantons Bern, 15 (1860): 213-217.

Verordnung über die Errichtung von Waldwirtschaftsplänen in den Gemeinds- und Korporationswaldungen, 25.1.1861. In: Gesetze, Dekrete und Verordnungen des Kantons Bern, 16 (1861): 1-5.

Reglement über die Patentprüfungen der Oberförster, Unterförster, Forstaxatoren und Forstgeometer, 9.9.1862. In: Gesetze, Dekrete und Verordnungen des Kantons Bern, 1 (1862): 231-242.

Gesetz über die Finanzverwaltung, 31.7.1872. In: Gesetze, Dekrete und Verordnungen des Kantons Bern, 11 (1872): 174-193.

Verordnung betreffend die Bildung von Forstrevieren im alten Kantonstheil, 22.5.1875. In: Gesetze, Dekrete und Verordnungen des Kantons Bern, 14 (1875): 68-70.

Vollziehungsdekret für das unter eidgenössische Oberaufsicht gestellte Forstgebiet, 26.11.1877. In: Gesetze, Dekrete und Verordnungen des Kantons Bern, 16 (1877): 139-144.

Beschluss über die Ausscheidung der in dem zum eidgenössischen Forstgebiet gehörenden Theil des Kantons Bern liegenden Schutzwaldungen von den übrigen Waldungen, 17.9.1878. In: Gesetze, Dekrete und Verordnungen des Kantons Bern, 17 (1878): 287-288.

Dekret über die Organisation der Forstverwaltung des Staates, 9.3.1882. In: Gesetze, Dekrete und Verordnungen des Kantons Bern, 21 (1882): 166-167.

Dienstinstruktion für die Forstinspektoren des Kantons Bern, 8.7.1882. In: Gesetze, Dekrete und Verordnungen des Kantons Bern, 21 (1882): 194-197.

Nachtrag zum Beschluss vom 17. September 1878 über die Ausscheidung der in den zum eidgenössischen Forstgebiet gehörenden Theile des Kantons Bern liegenden Schutzwaldungen von den übrigen Waldungen, 31.12.1892. In: Gesetze, Dekrete und Verordnungen des Kantons Bern, 31 (1892): 518.

Vollziehungsverordnung zum Bundesgesetz betreffend die eidgenössische Oberaufsicht über die Forstpolizei vom 11. Oktober 1902, 13.3.1903. In: Gesetze, Dekrete und Verordnungen des Kantons Bern, 3 (1903): 22-33.

Gesetz betreffend das Forstwesen, 20.8.1905. In: Gesetze, Dekrete und Verordnungen des Kantons Bern, 5 (1905): 110-128.

Verordnung betreffend die Fürsorge bei Arbeitslosigkeit in industriellen und gewerblichen Betrieben, 16.9.1918. In: Gesetze, Dekrete und Verordnungen des Kantons Bern, 18 (1918): 351-361.

Vollziehungsverordnung vom 11. Juli 1919 betreffend die Bekämpfung der Arbeitslosigkeit, 11.7.1919. In: Gesetze, Dekrete und Verordnungen des Kantons Bern, 19 (1919): 391-399.

Verordnung vom 6. März 1920 betreffend Ausrichtung der Beiträge, welche zum Zwecke der Bekämpfung der Arbeitslosigkeit und der Förderung der Hochbautätigkeit bewilligt werden, 6.3.1920. In: Gesetze, Dekrete und Verordnungen des Kantons Bern, 20 (1920): 56-65.

Bundesbeschluss betreffend Milderung der Wohnungsnot durch Förderung der Hochbautätigkeit, 11.5.1920. In: Gesetze, Dekrete und Verordnungen des Kantons Bern 20 (1920): 240-241.

Ausführungsbestimmungen zum Bundesratsbeschluss vom 11. Mai 1920 betreffend die Milderung der Wohnungsnot durch Förderung der Hochbautätigkeit, 8.6.1920. In: Gesetze, Dekrete und Verordnungen des Kantons Bern 20 (1920): 260-262.

Verordnung vom 10. März 1921 betreffend Massnahmen zur Behebung der Arbeitslosigkeit, 10.3.1921. In: Gesetze, Dekrete und Verordnungen des Kantons Bern, 21 (1921): 98-105.

Verordnung vom 28. November 1922 betreffend die Bekämpfung der Arbeitslosigkeit, 28.11.1922. In: Gesetze, Dekrete und Verordnungen des Kantons Bern, 22 (1922): 242-251.

Verordnung vom 11. März 1924 betreffend Einstellung der Massnahmen zur Bekämpfung der Arbeitslosigkeit, 11.3.1924. In: Gesetze, Dekrete und Verordnungen des Kantons Bern, 24 (1924): 18.

Verordnung über die Ausübung der Holzschlagpolizei in den ausserhalb des Gebietes der Schutzwälder gelegenen Privatwaldungen, 13.5.1924. In: Gesetze, Dekrete und Verordnungen des Kantons Bern, 24 (1924): 55-56.

Beschluss des Regierungsrates über Kantonsbeiträge gemäss Art. 42, Ziffern 2 und 4, Bundesgesetz betreffend die eidgenössische Oberaufsicht über die Forstpolizei vom 14. März 1929, 12.11.1929. In: Gesetze, Dekrete und Verordnungen des Kantons Bern, 29 (1929): 128.

Verordnung über die Förderung von Notstandarbeiten in Gemeinden mit erheblicher Arbeitslosigkeit, 29.3.1932. In: Gesetze, Dekrete und Verordnungen des Kantons Bern, 32 (1932): 34-36.

Dekret betreffend die Herabsetzung der Besoldungen der Beamten, Angestellten und Arbeiter des Staates Bern, 23.11.1933. In: Gesetze, Dekrete und Verordnungen des Kantons Bern, 33 (1933): 126-127.

Dekret über die Verlängerung der Gültigkeitsdauer des Dekretes betreffend die Herabsetzung der Besoldungen der Beamten, Angestellten und Arbeiter des Staates Bern vom 23. November 1933, 19.11.1935. In: Gesetze, Dekrete und Verordnungen des Kantons Bern, 35 (1935): 145.

Gesetz über weitere Massnahmen zur Wiederherstellung des finanziellen Gleichgewichts im Staatshaushalt, 11.4.1937. In: Gesetze, Dekrete und Verordnungen des Kantons Bern, 37 (1937): 30-37.

Dekret über die Verlängerung der Gültigkeitsdauer des Dekretes betreffend die Herabsetzung der Besoldungen der Beamten, Angestellten und Arbeiter des Staates Bern vom 23. November 1933, 10.11.1937. In: Gesetze, Dekrete und Verordnungen des Kantons Bern, 37 (1937): 97

Schaffung von zwei neuen Forstkreisen im Mittelland und Jura, 18.5.1971. In: Gesetze, Dekrete und Verordnungen des Kantons Bern, (1971): 170-171.

Gesetz über das Forstwesen, 18.7.1973. In: Gesetze, Dekrete und Verordnungen des Kantons Bern, (1973): 207-221.

10.2.7 Tagblatt des Grossen Rates des Kantons Bern

Tagblatt des Grossen Rates des Kantons Bern. Bern 1967.

Tagblatt des Grossen Rates des Kantons Bern. Bern 1969.

Tagblatt des Grossen Rates des Kantons Bern. Bern 1972.

11. LITERATURVERZEICHNIS

11.1 Literatur mit Quellencharakter

Amt für Wald des Kantons Bern (Hg.): Wissenswertes aus dem Berner Wald. Bern 2010.

Bachmann, Peter: Wald und Wasser. Wissenswertes und Erlebtes aus den letzten 150 Jahren in der Region Gantrisch. Toffen 2009.

Bachmann, Peter: Waldbauliche Beobachtungen in Rutsch-Aufforstungen im Forstkreis Schwarzenburg. In: Schweizerische Zeitschrift für Forstwesen, 130/11 (1979): 981-997.

Balsiger, R[udolf]: Geschichte des Bernischen Forstwesens. Fortsetzung von 1848 bis 1905. Bern 1923.

Bättig, Karl: Die hygienische Bedeutung des Waldes für die Volksgesundheit. In: Schweizerischer Forstverein (Hg.): Wohltätiger Wald. Neue Aufgaben unserer Wälder. Zürich 1962: 42-55.

Bauer, W.: Die Wegbau-Politik des Bundes. In: Schweizerische Zeitschrift für Forstwesen, 108/9 (1957): 478-489.

Baumgartner, Otto: Über den Zustand und die Probleme im Flysch-Aufforstungsgebiet des VII. Forstkreises des Kantons Bern. In: Schweizerische Zeitschrift für Forstwesen, 117/10 (1966): 694-705.

Berner, Otto: Toffen. Chronik unserer Gemeinde im Gürbetal. Toffen 1990.

Bundesamt für Wasser und Geologie (Hg.): Gürbetal. Wenn die Sintflut Hänge ins Rutschen bringt. Bern 2004.

Bundesamt für Kultur (Hg): Schweizer Seilbahninventar. Bern 2011.

Fankhauser, Franz: Übersicht über die Forstwirtschaft im Kanton Bern. Bern 1946.

Gnägi, H[ermann]: Geschichte des Bernischen Forstwesens. Fortsetzung von 1905 bis 1964. Spiez [1965].

Hauser, [Albert]: Wandlungen der forstwirtschaftlichen Zielsetzungen. In: Schweizerische Zeitschrift für Forstwesen, 121/1 (1970): 3-27.

Kaiser, Nicolas: Ein Blick in die Verwaltung & Bewirtschaftung der Staatswaldungen des Kantons Bern. Laufen 1880.

Keller, Theodor: Der Einfluss der Luftverunreinigungen auf den Wald im Lichte der neuesten Literatur (Separatabdruck aus der Schweizerischen Zeitschrift für Forstwesen 4/5). In: Eidgenössische Versuchsanstalt für das forstliche Versuchswesen (Hg.): Berichte. Birmensdorf 1968: 11-21.

Kilchenmann, Hans Rudolf: Geschichte des Bernischen Forstwesens. 1964-1993. Spiez 1995.

König, Gottlob: Die Forst-Mathematik mit Anweisung zur Forstvermessung, Holzschätzung und Waldwerthberechnung. Nebst Hülftafeln für Forstschätzer. Gotha 1935.

Kurth, Alfred: Zum Problem der Wohlfahrtswirkungen des Waldes (Separatabdruck aus der Schweizerischen Zeitschrift für Forstwesen 4/5). In: Eidgenössische Versuchsanstalt für das forstliche Versuchswesen (Hg.): Berichte. Birmensdorf 1968: 1-9.

Landolt, Elias: Bericht an den hohen schweizerischen Bundesrath über die Untersuchung der schweiz. Hochgebirgswaldungen. Vorgenommen in den Jahren 1858, 1859 und 1860. Bern 1862.

Leibundgut, Hans: Das Waldareal der Schweiz soll nicht vermindert werden. In: Schweizerische Zeitschrift für Forstwesen, 108/1 (1957): 24-28.

Marchand, Xavier: Über die Entwaldung der Gebirge. Denkschrift an die Direktion des Innern des Kantons Bern. Bern 1849.

Mohr, Conradin: Aufforstung und Entwässerung. In: Bachmann, Peter (Hg.): Wald und Wasser. Wissenswertes und Erlebtes aus den letzten 150 Jahren der Region Gantrisch. Toffen 2009: 33-36.

Nigst, Friedrich: Über die Aufforstungen des Staates an der Gurnigelkette. Bern 1914.

Pressler, Max Robert: Der rationelle Waldwirth und sein Waldbau höchsten Ertrags. Ein auf mehrfach neuen Grundsätzen und Methoden beruhender möglichst populär und praktisch gehaltener Rathgeber und Gehilfe zur Ein- und Durchführung einer richtigern und rentablern Holzproduction. Für Grundbesitzer gross und klein, Gmeinde-, Staats-, und Forstwirthe und überhaupt Alle, welche an der Erzeugung, Nutzung, und Verwerthung der Hölzer ein besonderes Interesse haben. Hefte 1-8. Dresden 1858-1880.

Riniker, Hans: Die Berufsbildung des Forstmannes unter specieller Berücksichtigung der Forstschule am eidgenössischen Polytechnikum in Zürich. Zürich 1877.

Schädelin, Walter: Die Durchforstung als Auslese- und Veredelungsbetrieb höchster Wertleistung. Bern 1934.

Schlatter, Albert Jakob: Die Bedeutung der schweizerischen Waldwirtschaft in den beiden Weltrkiegen. In: Schweizerische Zeitschrift für Forstwesen, 99/12 (1948): 633-653.

Tromp, [Hermann]: Konzeption einer schweizerischen Wald- und Holzwirtschaftspolitik. In: Schweizerische Zeitschrift für Forstwesen, 121/12 (1970): 912-914.

Verband Berner Forstpersonal (Hg.): Chronik. 100 Jahre Verband Berner Forstpersonal. Langnau 2009.

Zimmermann, Willi: Auf dem Weg zu einem neuen schweizerischen Waldgesetz. In: Forstarchiv. Zeitschrift für wissenschaftlichen und technischen Fortschritt in der Forstwissenschaft, 59/3 (1988): 106-111.

11.2 Literatur

Bärtschi, Hans-Peter: Die industrielle Schweiz vom 18. Jahrhundert bis ins 21. Jahrhundert. Aufgebaut und ausverkauft. Baden 2011.

Bayerl, Günter: Holznot. Die Sicht der Umwelthistorie. In: Lehmann, Albrecht/Schriewer, Klaus (Hg.): Der Wald. Ein deutscher Mythos? Perspektiven eines Kulturthemas (Lebensformen 16). Bonn 2000: 131-156.

Beljean, Tobias: Schuldenbremse – konjunkturverträgliche Konsolidierung des Bundeshaushaltes. In: Die Volkswirtschaft. Das Magazin für Wirtschaftspolitik, 11 (2001): 34-37.

Below, Stefan von/Breit, Stefan: Wald. Von der Gottesgabe zum Privateigentum. Gerichtliche Konflikte zwischen Landesherren und Untertanen um den Wald in der frühen Neuzeit (Quellen und Forschungen zur Agrargeschichte 43). Stuttgart 1998.

Bemmann, Martin: Beschädigte Vegetation und sterbender Wald. Zur Entstehung eines Umweltproblems in Deutschland 1893-1970 (Umwelt und Gesellschaft 5). Göttingen 2012.

Bisang, Kurt: Historische Entwicklung der institutionellen Regime des Waldes zwischen 1870 und 2000. In: Knoepfel, Peter/Kissling-Näf, Ingrid/Varone, Frédéric (Hg.): Institutionelle Regime für natürliche Ressourcen. Boden, Wasser und Wald im Vergleich (Ökologie und Gesellschaft 17). Basel 2001: 141-182.

Blöchlinger, Alfred: Forstgeschichte des Kantons Solothurn von ihren Anfängen bis 1931. Forstorganisation bis 1995. Solothurn 1995.

Bloetzer, Gotthard: Walderhaltungspolitik. Entwicklung und Urteil der Fachleute (Schriftenreihe Umwelt 364). Bern 2004.

Bloetzer, Gotthard: Zur Entwicklung der schweizerischen Forstgesetzgebung. In: Schweizerische Zeitschrift für Forstwesen, 143/8 (1992): 607-627.

Bloetzer, Gotthard: Die Oberaufsicht über die Forstpolizei nach schweizerischem Bundesstaatsrecht. Zürich 1978.

Bode, Wilhelm/Hohnhorst, Martin von: Waldwende. Vom Försterwald zum Naturwald (Beck'sche Reihe 1024). München 1994.

Brändli, Daniel: Mit Bäumen gegen Fluten. Überschwemmungsrisiko und Forstwesen während des 18. und 19. Jahrhundert (unveröffentlichte Lizentiatsarbeit Universität Bern). Bern 1998.

Bürgi, Matthias: Waldentwicklung im 19. und 20. Jahrhundert. Veränderungen in der Nutzung und Bewirtschaftung des Waldes und seiner Eigenschaften als Habitat am Beispiel der öffentlichen Waldungen im Zürcher Unter- und Weinland (Beiheft Schweizerische Zeitung für Forstwesen 84). Zürich 1998.

Bürgi, Matthias/Hürlimann, Katja/Schuler, Anton: Wald- und Forstgeschichte in der Schweiz. In: Schweizerische Zeitschrift für Forstwesen, 152/12 (2001): 476-483.

Corvol, Andrée: L'homme aux bois. Histoire des relations de l'homme et de la forêt XVIIe-XXe siècle, Paris 1987.

Daheim, Hansjürgen: Zum Stand der Professionssoziologie. Rekonstruktion machttheoretischer Modelle der Profession. In: Dewe, Bernd/Ferchhoff, Wilfried/Olaf-Radtke, Frank (Hg.): Erziehen als Profession. Zur Logik professionellen Handelns in pädagogischer Felder. Opladen 1992: 21-35.

Dejung, Christof: Wie man in den Wald ruft, tönt es zurück. Die unterschiedliche Wahrnehmung des Waldsterbens in der deutschen und der französischen Schweiz (unveröffentlichte Lizentiatsarbeit Universität Zürich). Zürich 1996.

Engels, Jens Ivo: Modern Environmentalism. Uekötter, Frank (Hg.): The Turning Points of Envionmental History. Pittsburgh 2010: 119-131.

Erlbeck, Reinhold/Haseder, Ilse E./Stinglwanger, Gerhard: Das Kosmos Wald- und Forstlexikon. Stuttgart 1998.

Foucault, Michel: Die Ordnung des Diskurses. Frankfurt a.M. 1998.

Ganser, Daniele: Europa im Erdölrausch. Die Folgen einer gefährlichen Abhängigkeit. Zürich 2012.

Grewe, Bernd-Stefan: Der versperrte Wald. Ressourcenmangel in der bayerischen Pfalz 1814-1870 (Umwelthistorische Forschungen 1). Köln 2004.

Grober, Ulrich: Von Freiberg nach Rio. Carlowitz und die Bildung des Begriffs ‚Nachhaltigkeit'. In: Sächsische Carlowitz-Gesellschaft (Hg.): Die Erfindung der Nachhaltigkeit. Leben, Werk und Wirkung des Hans Carl von Carlowitz. München 2013: 13-30.

Hahn, Peter: Zeitspuren im Entlebuch. Waldentwicklung und Landschaftswandel im 20. Jahrhundert. Bern 2011.

Hünemörder, Kai: 1972. Epochenschwelle der Umweltgeschichte? In: Brüggemeier, Franz-Josef/Engels, Jens Ivo (Hg.): Natur- und Umweltschutz nach 1945. Konzepte, Konflikte, Kompetenzen (Geschichte des Natur- und Umweltschutzes 4). Frankfurt a.M. 2005: 124-144.

Hürlimann, Katja: Worum geht es in der Wald- und Forstgeschichte?. In: Schweizerische Zeitschrift für Forstwesen, 154/8 (2003): 322-327.

Irniger, Margrit: Der Sihlwald und sein Umland. Waldnutzung und Ackerbau im Albisgebiet von 1400-1600. Zürich 1991.

Jäger, Siegfried: Kritische Diskursanalyse. Eine Einführung (Edition Diss 3). Münster ⁵2009.

Jost, Hans Ulrich: Bedrohung und Enge (1914-1945). In: Mesmer, Beatrix (Hg.): Geschichte der Schweiz und der Schweizer. Basel ⁴2006: 731-820.

Keller, Reiner: Diskursforschung. Eine Einführung für Sozialwissen-schaftlerInnen (Qualitative Sozialforschung 14). Wiesbaden ²2004.

Küchli, Christian: Wurzeln und Visionen. Promenaden durch den Schweizer Wald. Aarau 1992.

Küchli, Christian/Stuber, Martin: Wald und gesellschaftlicher Wandel. Erfahrungen aus den Schweizer Alpen und aus Bergregionen in Ländern des Südens. Hg. von Direktion für Entwicklung und Zusammenarbeit/Bundesamt für Umwelt, Wald und Landschaft. Bern 2001 [CD-Rom].

Kuonen, Théodore: Histoire des forêts de la région de Sion du Moyen-Age à nos jours. Sion 1993.

Landwehr, Achim: Historische Diskursanalyse (Historische Einführungen 4). Frankfurt a.M. ²2009.

Lange, Benjamin/Lüscher, Peter/Germann, Peter/Thormann, Jean-Jacques/Zürcher, Kaspar: Hochwasserschutzwirkung von Tannen-Fichten-Wäldern. In: Wald Holz 93/11 (2012): 31-34.

Laternser, Martin/ Amman, Walter J.: Der Lawinenwinter von 1951 und seine Auswirkungen auf den Lawinenschutz in der Schweiz. In: Pfister, Christian (Hg.): Am Tag danach. Zur Bewältigung von Naturkatastrophen in der Schweiz 1500-2000. Bern 2002: 153-168.

Leuenberger, Hans: Das Gürbetal. Eine landeskundliche Studie. Solothurn 1935.

Maissen, Thomas: Geschichte der Schweiz. Baden 2010.

Müller, Reto: ‚Das wild gewordene Element'. Gesellschaftliche Reaktionen auf die beiden Hochwasser im Schweizer Mittelland von 1852 und 1876 (Berner Forschungen zur Regionalgeschichte 2). Nordhausen 2004.

Müller, Ueli: Schutzwaldaufforstungen des Staates Freiburg im Senseoberland. Forstpolitische Massnahmen des Staates Freiburg seit 1850 am Beispiel der Schutzwaldaufforstungen im Flyschgebiet des Senseoberlandes. Hg. vom Kantonsforstamt Freiburg. Freiburg 1990.

Mössmer, Reinhard: Vorbeugender Hochwasserschutz im Wald, In: Bayerische Landesanstalt für Wald und Forstwirtschaft (Hg.): Hochwasserschutz im Wald. Freising 2003: 55-66.

Paolini, Jon: Vom Kahlschlag zum Naturreservat. Geschichte der Waldnutzung im Gebiet des Schweizerischen Nationalparks (Nationalpark-Forschung in der Schweiz 96). Bern 2012.

Pfister, Christian (Hg.): Am Tag danach. Zur Bewältigung von Naturkatastrophen in der Schweiz 1500-2000. Bern 2002.

Pfister, Christian: Im Strom der Modernisierung. Bevölkerung, Wirtschaft und Umwelt 1700-1914 (Geschichte des Kantons Bern seit 1798 5). Bern 1995.

Pfister, Christian/Brändli, Daniel: Rodungen im Gebirge – Überschwemmungen im Vorland. Ein Deutungsmuster macht Karriere. In: Sieferle, Rolf Peter/Breuninger, Helga (Hg.): Natur-Bilder. Wahrnehmungen von Natur und Umwelt in der Geschichte. Frankfurt a.M. 1999: 297-321.

Price, Martin: Tourism and Forestry in the Swiss Alps. Parasitism or Symbiosis? In: Moutain Research and Development, 7/1 (1987): 1-12.

Pufé, Iris: Nachhaltigkeit (UTB 3667). München 2012.

Pülzl, Helga: Die Politik des Waldes. Wien 2010.

Radkau, Joachim: Die Ära der Ökologie. Eine Weltgeschichte. München 2011.

Radkau, Joachim: Natur und Macht. Eine Weltgeschichte der Umwelt. 2., überarbeitete Auflage, München 2002.

Radkau, Joachim: Zur angeblichen Energiekrise des 18. Jahrhunderts. Revisionistische Betrachtungen über die „Holznot“. In: Vierteljahrschrift für Sozial- und Wirtschaftsgeschichte, 73/1 (1986): 1-37.

Radkau, Joachim/Schäfer, Ingrid: Holz. Wie ein Naturstoff Geschichte schreibt (Stoffgeschichten). München 2007.

Richard, Thomas: Auf dem Weg zur Erholung. Schweizer Wald zwischen Eisenbahn und Freizeit aus der Sicht der Forstwissenschaft 1850-1914 (unveröffentlichte Lizentiatsarbeit Universität Bern). Bern 2000.

Richard, Thomas: Eisenbahn und Wald. Die Auswirkungen der Verkehrsrevolution auf den Schweizer Wald in der 2. Hälfte des 19. Jahrhunderts. Luzern 1999.

Rohr, Christian: Extreme Naturereignisse im Ostalpenraum. Naturerfahrung im Spätmittelalter und am Beginn der Neuzeit (Umwelthistorische Forschungen 4). Köln 2007.

Rohr, Christian/Camenisch, Chantal/Krämer, Daniel/Vlachos, Alexandra: Umweltgeschichte in der Schweiz und ihr Beitrag zur Kulturgeschichte. In: Traverse, 19/1 (2012): 193-211.

Sarasin, Philipp: Michel Foucault zur Einführung (Zur Einführung 333). Hamburg ^{3}2008.

Schenk, Winfried: Holznöte im 18. Jahrhundert? Ein Forschungsbericht zur Holznotdebatte der 1990er-Jahre. In: Schweizerische Zeitschrift für Forstwesen, 157/9 (2006): 377-383.

Schmidt, Uwe-Eduard: Der Wald in Deutschland im 18. und 19. Jahrhundert. Das Problem der Ressourcenknappheit dargestellt am Beispiel der Waldressourcenknappheit in Deutschland im 18. und 19. Jahrhundert. Eine historisch-politische Analyse. Saarbrücken 2002.

Schütz, Jean-Philippe: Naturnaher Waldbau. Gestern, heute, morgen. In: Schweizerische Zeitschrift für Forstwesen, 150/12 (1999): 478-483.

Sheldon, George: Der Schweizer Arbeitsmarkt seit 1920. Langfristige Tendenzen. In: Die Volkswirtschaft. Das Magazin für Wirtschaftspolitik, 1/2 (2010): 15-19.

Sieferle, Rolf Peter: Rückblick auf die Natur. Eine Geschichte des Menschen und seiner Umwelt. München 1997.

Sieferle, Rolf Peter: Der unterirdische Wald. Energiekrise und Industrielle Revolution (Beck'sche Reihe 266). München 1982.

Sieferle, Rolf Peter/Breuninger, Helga (Hg.): Natur-Bilder. Wahrnehmungen von Natur und Umwelt in der Geschichte. Frankfurt a.M. 1999.

Summermatter, Stephanie: Die Prävention von Überschwemmungen durch das politische System der Schweiz von 1848 bis 1991 (unveröffentlichte Dissertation Universität Bern). Bern 2012.

Stuber, Martin: Wälder für Generationen. Konzeptionen der Nachhaltigkeit im Kanton Bern 1750-1880 (Umwelthistorische Forschungen 3). Köln 2008.

Stuber, Martin/Bürgi, Matthias: Der Wald. Nutzung, Politik und Ökologie. In: Peter Martig et al. (Hg.): Berns moderne Zeit. Das 19. und 20. Jahrhundert neu entdeckt (Berner Zeiten 5). Bern 2011: 313- 320. (Stuber/Bürgi 2011a)

Stuber, Martin/Bürgi, Matthias: Hüeterbueb und Heitisträhl. Traditionelle Formen der Waldnutzung in der Schweiz 1800 bis 2000. Hg. von Bristol-Stiftung. Zürich 2011. (Stuber/Bürgi 2011b).

Tromp, Hermann: Lignum 1931-1981. Ein Bericht der Lignum – Schweizerische Arbeitsgesellschaft für das Holz. Zürich 1981.

Uekötter, Frank: Am Ende der Gewissheiten. Die ökologische Frage im 21. Jahrhundert. Frankfurt a.M. 2011.

Vincenz, Curdin: Das Waldsterben. Karriere eines Politikums. Eine historische Fallstudie zur Wahrnehmung und Bewältigung von Umweltgefährdungen in der Schweiz (unveröffentlichte Lizentiatsarbeit Universität Bern). Bern 1998.

Wallner, Thomas: Der Wald und Wir. Streiflichter auf 200 Jahre Walderhaltung und Waldbewusstsein im Kanton Solothurn 1809-2009. Solothurn 2009.

Walter, François: Bedrohliche und bedrohte Natur. Umweltgeschichte der Schweiz seit 1800. Zürich 1996.

Weinmeister, Wolfgang: Fähigkeiten des Waldes zur Verminderung von Hochwasser und Erosionsschäden. In: Bayerische Landesanstalt für Wald und Forstwirtschaft (Hg.): Hochwasserschutz im Wald. Freising 2003: 15-29.

Werner, Jann/Wegrich, Kai: Phasenmodelle und Politikprozesse. Der Policy Cycle. In: Klaus Schubert/Nils C. Bandelow (Hg.). Lehrbuch der Politikfeldanalyse. München 2003: 71-106.

Wildli, Otto: Wald im Widerspruch der Interessen. In: Ewald, Klaus C./Klaus, Gregor (Hg.): Die ausgewechselte Landschaft. Vom Umgang der Schweiz mit ihrer wichtigsten Ressource. Bd. 1. Bern 2009: 318-323.

Wullschleger, Erwin: Waldpolitik und Forstwirtschaft im Kanton Aargau von 1803 bis heute. Aarau 1997.

11.3 Historisches Lexikon der Schweiz (HLS)

Boschung, Moritz: Sense. In: Historisches Lexikon der Schweiz (HLS), http://www.hls-dhs-dss.ch/textes/d/D8155.php (2.10.2014).

Braun, Hans: Greyerz, Adolf von. In: Historisches Lexikon der Schweiz (HLS), http://www.hls-dhs-dss.ch/textes/d/D23743.php (2.10.2014).

Dubler, Anne-Marie: Guggisberg. In: Historisches Lexikon der Schweiz (HLS), http://www.hls-dhs-dss.ch/textes/d/D481.php (2.10.2014).

Dubler, Anne-Marie: Gürbe. In: Historisches Lexikon der Schweiz (HLS), http://www.hls-dhs-dss.ch/textes/d/D8748.php (2.10.2014).

Hürlimann, Katja: Holzwirtschaft. In: Historisches Lexikon der Schweiz (HLS), http://www.hls-dhs-dss.ch/textes/d/D14025.php (2.10.2014).

Hürlimann, Katja: Leibundgut, Hans. In: Historisches Lexikon der Schweiz. http://www.hls-dhs-dss.ch/textes/d/D31253.php (12.7.2013).

Hürlimann, Katja: Marchand, Xavier. In: Historisches Lexikon der Schweiz (HLS), http://www.hls-dhs-dss.ch/textes/d/D31262.php (2.10.2014).

Hürlimann, Katja: Schädelin, Walter. In: Historisches Lexikon der Schweiz (HLS), http://www.hls-dhs-dss.ch/textes/d/D31259.php (2.10.2014).

Schuler, Anton: Coaz, Johann Wilhelm Fortunat. In: Historisches Lexikon der Schweiz (HLS), http://www.hls-dhs-dss.ch/textes/d/D28802.php (2.10.2014).

Stettler, Peter: Berger, Gottlieb. In: Historisches Lexikon der Schweiz (HLS), http://www.hls-dhs-dss.ch/textes/d/D4416.php (2.10.2014).

Zürcher, Christoph: Kasthofer, Karl Albrecht. In: Historisches Lexikon der Schweiz (HLS), http://www.hls-dhs-dss.ch/textes/d/D5649.php (2.10.2014).

11.4 Internet

Bundeshaushalt und Staatsverschuldung:

http://www.eso.uzh.ch/modul2/StaatSoz.html?lesson.section=unit&section.label=StaatSoz_4 (2.10.2014).

Bezeichnung Riet:

http://digital.idiotikon2.ch/idtkn/id6.htm#page/61737/mode/1up (2.10.2014).

Bezeichnung Wytweiden;

http://www.bve.be.ch/bve/de/index/vermessung/Handbuch_DM_01_AV/bodenbedeckung/bodenbedeckungsarten/bestockte_flaechen/wytweiden.html (2.10.2014).

Ökologischer Ausgleich:

http://www.bafu.admin.ch/landschaft/00522/01649/01650/index.html?lang=de (2.10.2014).

Projekt Melanie Salvisberg:

www.hist.unibe.ch/content/personal/salvisberg_melanie/index_ger.html#e152936 (2.10.2014).

Regionaler Waldplan Gantrisch 2000-2015. o.O. 2000:

http://www.vol.be.ch/vol/de/index/wald/wald/planung_grundlagen/planung_rwp/planung_rwp_51.assetref/content/dam/documents/VOL/KAWA/de/Planung_Grundlagen/Regionale_Waldplanung/51_Gantrisch/planung_rwp_51_T_Text.pdf (2.10.2014).

Zur Geschichte des Vitaparcours:

http://www.zurichvitaparcours.ch/vitaparcours-info/ueber-zurich-vitaparcours/geschichte/ (2.10.2014).

Waldverordnung 1992

http://www.admin.ch/opc/de/classified-compilation/19920310/index.html (2.10.2014).

12. Anhang

12.1 Abkürzungsverzeichnis

ABB	Amtliches Bulletin der Bundesversammlung
ARW	Archiv Revierforstamt Wattenwil
AS	Amtliche Sammlung des Bundesrechts
AWOGB	Archiv des Wasserbauverbandes Obere Grübe Blumenstein
AWR	Archiv Waldabteilung 5 Riggisberg
BAFU	Bundesamt für Umwelt
BAG	Bernische Amtliche Gesetzessammlung
BAR	Schweizerisches Bundesarchiv Bern
BBl	Bundesblatt
BFV	Bernische Forstverein
BR	Bundesrat
EDI	Eidgenössisches Departement des Innern
FPoG	Eidgenössisches Forstpolizeigesetz
GB	Geschäftsberichte des Bundesrates
GR	Grosser Rat des Kantons Bern
GS	Gesetze, Dekrete und Verordnungen des Kantons Bern
HLS	Historisches Lexikon der Schweiz
KAWA	Kantonales Amt für Wald
RR	Regierungsrat des Kantons Bern
SFV	Schweizerischer Forstverein
StAB	Staatsarchiv Bern
WP	Wirtschaftsplan

12.2 Verzeichnis der Revier-, Kreis- und Kreisoberförster

1878-1882: Friedrich Nigst (Revierförster des Forstrkeises VII)

1882-1827: Friedrich Nigst (Kreisförster des Forstkreises VII)

1927-1936: Franz Fankhauser (Kreisoberförster des Forstkreises VII)

1936-1955: Fritz Aerni (Kreisoberförster des Forstkreises VII)

1955-1982: Otto Baumgartner (Kreisoberförster des Forstkreises VII)

1971-1988: Peter Bachmann (Kreisoberförster des Forstkreises XVIII)

1982-1992: Martin Indermühle (Kreisoberföster des Forstkreises VII)

1989-1990: Martin Roth (Kreisoberförster des Forstkreises XVIII)

1990-1997: Andreas Bacher (Kreisoberföster des Forstkreises XVIII)

1992-1997: Philipp Moesch (Kreisoberföster des Forstkreises VII)

12.3 Abbildungsverzeichnis